재미로 읽다 보면 저절로 문제가 풀리는 수학

기발하고 신기한 수학의 재미_상편

재미로 읽다 보면 저절로 문제가 풀리는 수학

기발하고 신기한 수학의 재미_상편

펴낸날 2022년 7월 20일 1판 1쇄

지은이 천융밍
옮긴이 김지혜
그림 리우스위엔
펴낸이 김영선
책임교정 이교숙
교정·교열 정아영, 이라야
경영지원 최은정
디자인 박유진·현애정
마케팅 신용천

펴낸곳 (주)다빈치하우스-미디어숲
주소 경기도 고양시 일산서구 고양대로632번길 60, 207호
전화 (02) 323-7234
팩스 (02) 323-0253
홈페이지 www.mfbook.co.kr
이메일 dhhard@naver.com (원고투고)
출판등록번호 제 2-2767호

값 17,800원
ISBN 979-11-5874-156-3 (44410)

글 **천융밍**
그림 **리우스위엔**

기발하고 신기한 수학의 재미

미디어숲

● ● ●

기하는 수학 학습의 기초 중의 하나로, 기하학을 이용해 집을 짓고 토지를 측량하거나 별을 관측할 수 있으며 미끄럼틀을 설계하고 바닥을 장식할 수 있다. 또한 작은 칠교판 하나에도 많은 수학적 성과가 담겨있다. 이 책은 건축, 측량, 도형 놀이 등의 각도에서 재미있는 기하학적 이야기를 다루고 있는데 각, 직선, 원, 원이 아닌 도형, 입체도형 등의 기초 기하 지식뿐만 아니라 그래프 이론, 위상기하, 조합기하, 비유클리드 기하 등의 주제를 포함시켜 아름다운 기하 세계를 확대했다. 더불어 기하 지식을 자세하게 설명함과 동시에 동서고금에 전해지는 알려지지 않은 재미있는 이야기를 소개해 도형의 자연미를 펼쳐보여 중·고등학생들에게 수학의 흥미와 정보를 동시에 제공한다.

프롤로그

요즘은 스타를 동경하는 청소년들을 많이 볼 수 있다. 처음엔 그런 청소년들을 잘 이해하지 못해 한 학생에게 “이 스타가 너를 사로잡은 게 도대체 뭐니?”라고 물었다. 그 학생은 큰 눈을 부릅뜨고 나를 한참이나 쳐다보다가 “선생님도 젊었을 때 우상이 있지 않았나요?”라고 되물었다. 나는 당시 내가 좋아하고 존경하는 사람은 과학자라고 말했다. 짧은 대화였지만 나와 젊은이들과의 세대 차이가 잘 드러난다.

내가 학문을 탐구하던 시절, 과학으로의 진출은 전국적으로 확산되었고, 우리가 존경하던 인물들은 조충지, 멘델레예프, 퀴리 부인 등 훌륭한 과학자들이었다. 도서는 『재미있는 대수학』, 『재미있는 기하학』과 같은 일반 과학도서를 즐겨 읽었다. 동시에 전국 각지에서 과학 전시가 열렸고, 우리도 과학 스토리텔링을 만들어냈다. 이런 활동은 우리 세대 청소년들의 마음속에 과학의 씨앗을 심어주기에 충분했다.

그런데 유감스럽게도 당시에는 여러 가지 이유로 국내 작가의 작품은 드물었다. 사실 1949년 이전까지 몇몇 작가에 의해 적지 않은 수학대중서가 출간되었다. 1950~60년대에는 중·고등학생들의 수학경쟁을 활성화하기 위해 유명 수학자들이 학생들을 위한 강좌를 열었다. 이 강의들은 나중에 책으로 출간되어 한 세대에 깊은 영향을 주었다.

이들 작품 중 가장 추앙받는 작품이 바로 화라경의 작품이다. 『양휘 삼각법으로부터 이야기를 시작하다』, 『손자의 신비한 계산법으로부터 이야기를 시작하다』 등의 저서는 학생들에게 큰 사랑을 받았다. 그의 저서는 가볍게 시작한다. 먼저 간단한 문제 제기와 방법을 소개한 후 감칠맛 나게 수학이야기를 하며 하나하나 설명해 나간다. 마지막에 이르러 수학내용이 분명해지는데 생동감 있는 전개가 눈에 띈다.

어떤 문제를 이해하는 것과 고등수학의 심오한 문제를 설명하는 것은 어떤 부분에서 일맥상통한다. 그의 책은 수학과학대중서의 모범이 되었는데 수학사 이야기를 강의에 녹여 시 한 수를 짓기도 했다.

그 시기에 나는 막 일을 시작했는데 그의 책을 손에서 떼기가 힘들었다. 결국 나도 책 쓰는 것을 배워야겠다는 생각이 들었다. 그래서 몇 년을 일반 과학 서적을 읽으며 글을 쓰기 시작해 『등분원주

만담』, 『1+1=10：만담이진수』, 『순환소수탐비』, 『만담근사분수』, 『기하는 네 곁에』, 『수학두뇌탐비』 등의 작품을 완성했다.

수학대중서는 시대의 흐름을 적절히 잘 결합해야 한다. 물론 새로운 수학의 성과와 생명과학, 물리학 등을 비롯한 첨단 지식을 전수하기는 매우 힘들다. 내가 몇 년 전에 쓴 작품들이 있지만 시간이 지나면서 과학이 비약적으로 발전하고 있어서 새로운 소재들이 많이 나왔다. 이번에 출간된 『기발하고 신기한 수학의 재미(상·하편)』은 이전 작품을 재구성한 것이다. 일부 문제점을 수정하고 수학 이야기를 재현해 독자들이 흥미롭게 읽을 수 있도록 새로운 내용을 보충했다. 이해방식, 새로운 수학 연구 성과를 최대한 담기 위해 노력하였으니 여러분에게 도움이 되었으면 좋겠다.

마지막으로 수학을 좋아하고 수학을 사랑하기를 바란다.

천융밍

차 례

2장 수학은 언제나 해피엔딩_수학의 눈으로 기발하게 재는 법

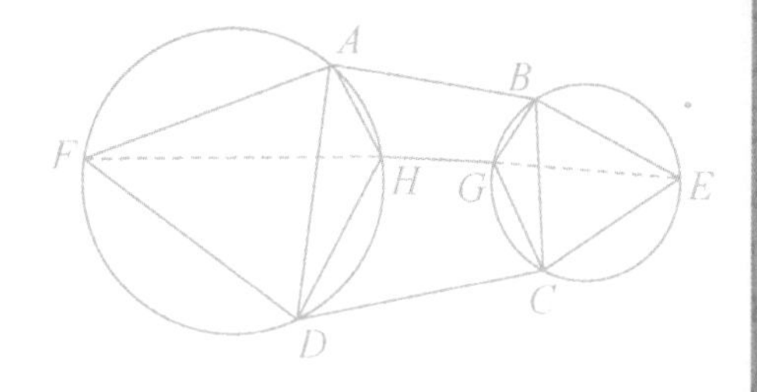

3장 수학이 빛나는 순간_수학으로 풀리는 기묘한 문제들

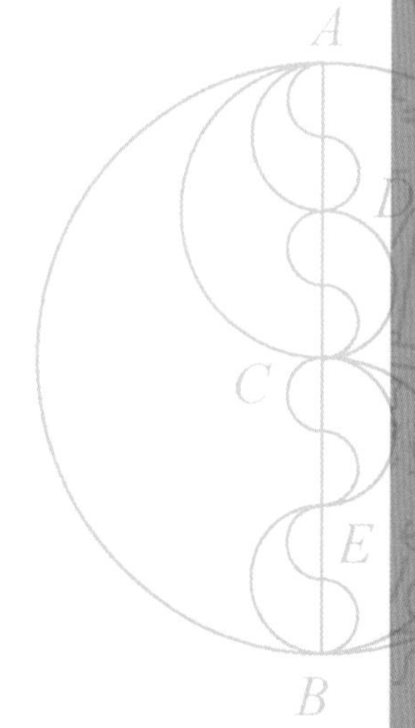

음악 등의 예술과 마찬가지로
수학은 우리를 완전한 자각에 이르게 하는
수단 가운데 하나다.
정확히 말해서 수학의 의미는
그것이 하나의 예술이라는 데 있다.
우리 정신의 본성을 일깨워 줌으로써,
수학은 우리의 정신과 결부된 많은 것을
아울러 일깨워준다.
〈존 설리번〉

1장

수학으로 세상보기

기발하고 신기한 각 이야기

구고정리

직각삼각형의 직각을 낀 변의 길이가 각각 a, b, 빗변의 길이가 c라면 $a^2+b^2=c^2$가 성립한다. 이는 바로 피타고라스의 정리이다.

피타고라스의 정리는 어떻게 발견되었을까?

중국 고대에는 짧은 직각변을 '구勾', 긴 직각변을 '고股', 빗변을 '현弦'이라고 불렀기 때문에 중국에서는 이 정리를 '구고정리勾股定理'라고 한다. 우왕이 세상을 다스릴 때 변의 길이가 3, 4, 5인 삼각형으로 직각을 정했다고 전해지는데 이것은 '구고정리의 역'이다.

수학계에서는 피타고라스를 이론상 최초로 피타고라스의 정리를 증명해낸 사람으로 보고 있다. 피타고라스는 이 정리를 증명한 후, 너무 기뻐 신이 자신에게 영감을 주었다고 생각해 100마리의 소를 잡아 신의 묵시에 보답했다(어떤 사학자들은 그가 밀가루로 소 100마리를 만들어 신에게 제사를 지냈다고 한다). 따라서 이 정리는 '백우정리百牛定理'라고도 부른다.

그렇다면 정말로 신이 피타고라스에게 계시를 내린 것일까?

아니라면, 피타고라스는 어떤 힌트로 이 정리를 증명했을까? 안타깝게도 역사에는 기록이 없고, 몇 가지 전설만 전해지고 있다.

피타고라스의 제자 중 한 명이 어느 날 클라우톤 지방에서 자칭 가장 위대한 수학자라는 사람을 만났는데, 그 사람은 피타고라스와 공개적인 수학 시합을 하겠다고 큰소리쳤다. 시합 방법은 번갈아 가면서 10문제를 내는 것으로 15일 안에 해답을 공개해야 한다. 시합에 지는 사람은 그리스를 떠나야 하고 이긴 사람이 모든 강의를 맡기로 했다. 제자는 스승인 피타고라스의 명성을 등에 업고 도전을 받아들였다. 그는 밤낮없이 상대방이 낸 문제를 생각하며 밥도 잘 먹지 못했고, 잠도 잘 못 자며 5일 동안 아홉 문제를 해결했다. 그리고 드디어 마지막 한 문제가 남았다. 하지만 아무리 해도 풀 수가 없었다.

그의 괴로워하는 행동을 감지한 피타고라스는 그에게 무슨 곤란한 일을 당했는지 캐물었다. 그는 더 이상 스승님을 속일 수 없다는 것을 깨닫고 사실을 털어놓으며 학파의 명성을 위해 스스로 피타고라스학파에서 제명될 것을 청했다. 이는 스스로 이 일의 결과를 책임진다는 것을 의미했다. 피타고라스 학파는 피타고라스와 그의 제자들로 구성된 다양한 정치색을 띤 학술단체이다. 그들은 학파 내의 발견은 일체 외부에 퍼뜨리지 못하도록 규정했으며, 모든 발견은 피타고라스의 공로부에 기록해야 했다. 제자들이 교칙을 어기면 처벌을 받았고 섣불리 도전에 응한 제자는 당연히 피타고라스의 꾸중을 들었다. 결국 피타고라스는 학파의 영예를 위해 자신이 직접 어려운 문제를 풀기로 결심했다. 그 난해한 문제는 바로 이것이었다.

"임의의 정사각형이 주어질 때, 두 개의 정사각형의 면적의 합과 주어진 정사각형의 면적이 같음을 보여라."

피타고라스는 하루 종일 생각했지만 갈피를 잡지 못했다. 이튿날 아침 일찍 그는 밖에 나가 산책을 하다가 친구의 집에 들르게 되었다. 친구는 막 이집트에서 강의를 마치고 돌아와서 그를 매우 따뜻하게 접대했다. 피타고라스는 거실에 앉아 친구의 이야기를 들으면서 거실 바닥의 도안을 주시하고 있었는데, 피타고라스는 점점 이 도안들에 매료되었고 심지어는 친구를 한쪽에 완전히 내팽개치고 도안만 뚫어져라 관찰했다.

거실의 바닥은 정사각형 모양의 타일로 하나하나 나열되어 있었다. 피타고라스의 발 옆에는 6개의 타일이 있었는데, 누군가가 펜으로 그린 대각선을 자세히 들여다보게 되었다[그림 1-1]. 그랬더니 가운데 직각삼각형의 두 직각변에 붙어있는 정사각형을 발견했고 두 정사각형의 면적의 합은 빗변 위의 정사각형의 면적(직각삼각형 면적의 4배)과 같다는 것을 확인했다.

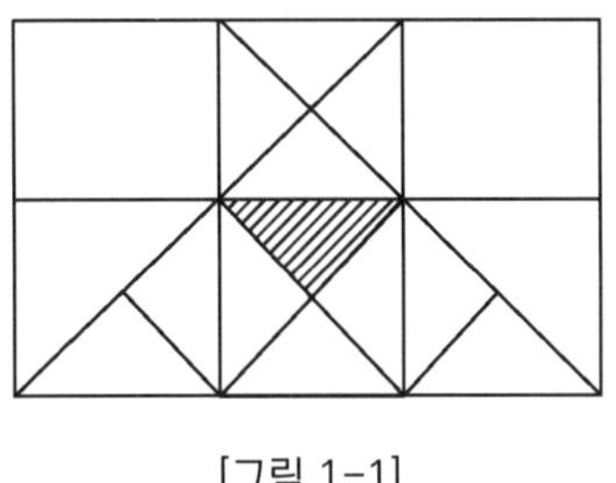

[그림 1-1]

이와 같이 임의의 정사각형의 한 변을 빗변으로 하는 직각삼각형을 만들기만 하면 직각삼각형의 각각의 직각변 위에 정사각형을 만들 수 있으므로 문제가 요구하는 두 개의 정사각형을 얻게 된다. 피타고라스는 집으로 돌아와 계속 연구했다.

'임의의 정사각형을 하나 주고 그것의 한 변을 빗변으로 하는 (두 직각변이 같을 필요는 없는) 직각삼각형을 만들어 두 개의 직각변에 각각 정사각형을 만들면 이것은 문제에서 원하는 정사각형일까?'

그는 마침내 이 문제의 답안을 찾게 된다. 15일째 되던 날, 사람들이 클라우톤의 중심광장에 모였다. 시합이 시작되자 피타고라스의 제자들은 침착하게 문제를 모두 풀었다. 상대방은 이 모습에 얼이 빠졌고 승복할 수밖에 없었다.

우리는 고대 그리스, 이집트, 중국 등이 모두 고대 문명의 발

원지라는 것을 안다. 비록 이 국가들과 지역이 지구상의 다른 곳에 위치해 있긴 하지만, 그들은 모두 일찍부터 독립적으로 피타고라스의 법칙을 발견했다. 심지어 어떤 사람들은 피타고라스 정리를 초기 인류 문명의 상징이라고 여기기도 한다.

외계인과의 교류 도구

몇 년 동안 사람들은 줄곧 이웃한 별에 또 다른 생명체, 즉 외계인의 존재 유무를 추측해 왔다. 만약 다른 별에 생명체가 존재한다면, 우리는 어떻게 그들과 소통할까? 그들에게 우리도 지구에서 생활하는 그들과는 또 다른 생명체임을 어떻게 알릴까?

지구인들이 그들에게 '안녕하세요'라든가 '헬로'라고 하면 알아듣지 못할 것이다. 그렇다면 어떤 방법이 좋을까? 이것은 매우 어려운 문제다. 과학자들은 모두 이 일을 위해 온갖 방법을 다 동원해 대책을 내놓았지만, 지금까지도 만족할 만한 방안이 없다. 프랑스 파리의 한 과학연구기관은 외계인과 연락이 닿는 첫 번째 사람에게 10만 프랑의 상금을 지급하겠다고 발표한 적이 있다.

지능 높은 생명체라면 분명히 피타고라스의 정리를 이해할 것이므로 어떤 수학자는 다음과 같은 내용을 건의했다.

- 시베리아에 넓게 나무 띠를 심어 직각삼각형을 형성한다.

- 사하라 사막에 직각삼각형을 이루도록 대운하를 세 개 만들고 강에 석유를 부은 후, 밤에 불을 붙이면 외계인은 측정기를 통해 이 광경을 관찰할 수 있어 지구에도 고지능의 생명체가 존재한다는 것을 알고 우리와 연락을 취할 수 있을 것이다.

하지만 이런 공사는 규모가 너무 커서, 현실적으로는 모두 실현하기는 힘들다. 화라경 교수는 우주선을 3차 마방진과 [그림 1-2]에 나타난 도형으로 구현해 우주공간으로 날아오르기를 권고했다. 그림에서 직각삼각형의 길이비는 3:4:5이다.

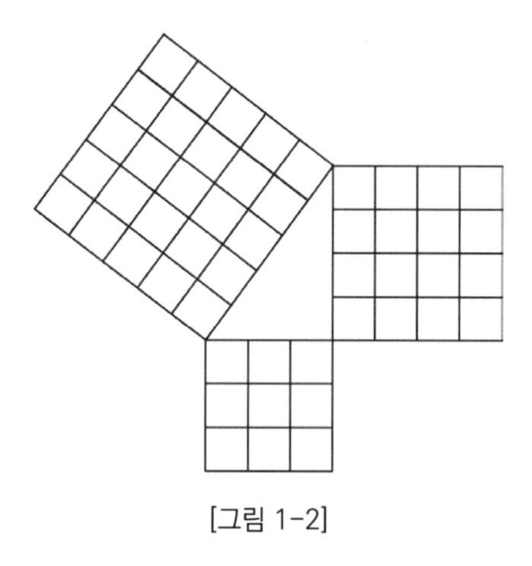

[그림 1-2]

'출입상보법'은 중국 고대에 피타고라스의 정리를 증명하는 방법이다. 청색과 주색으로 나가고[出] 들어오는[入] 것을 표시한다. '출입상보법'은 두 가지 색으로 그린 그림에 면적을 추가한 것이다.

먼저 직각삼각형 ABC를 하나 그리고, $\overline{BC}$와 $\overline{AC}$ 위에 정사각형 $BCED$와 $ACFG$를 만든다. 각각 청색과 주색으로 구분하고 다시 $\overline{AB}$ 위에 정사각형 $ABHJ$를 그린다. [그림 1-3]에 따라, '출出'인 부분을 잘라 '입入'인 부분에 보충하면 두 개의 정사각형 $BCED$와 $ACFG$가 큰 정사각형 $ABHJ$가 됨을 알 수 있다. 따라서 피타고라스 정리가 증명되었다.

2000여 년 전에 발견된 이 정리가 오늘날 우주의 신비를 탐구하는 과정에서도 그 존재감을 발휘하리라고는 생각지도 못했다.

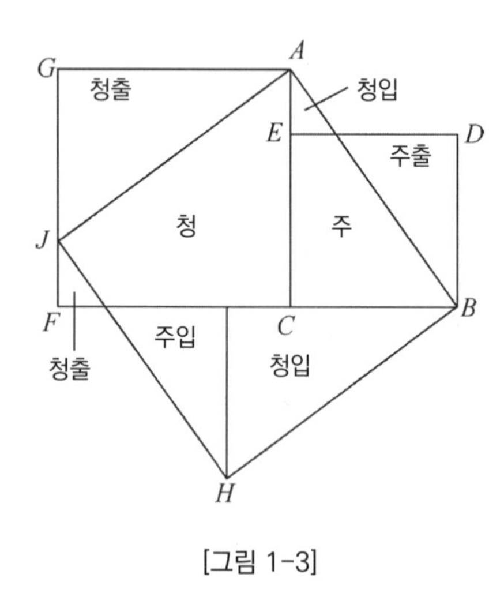

[그림 1-3]

피타고라스 정리의 증명

피타고라스 정리의 증명은 많은 사람을 매료시켰다. 2000여 년 동안 사람들은 새로운 증명 방법을 찾으려는 노력을 멈추지 않았다. 현재까지 증명된 방법은 이미 500여 종에 이른다. 한 미국인은 여러 서적과 간행물에 실린 피타고라스 정리의 증명 방법을 모아 책으로 출간하기도 했다. 많은 증명 방법 중에 어떤 것은 매우 흥미롭고, 어떤 것은 발견한 이야기를 포함하고 있으며, 어떤 것은 유명인이 발견했다는 이유로 유명세를 타기도 했다. 여기에서는 대표적인 몇 가지를 소개하려고 한다.

12세기 인도 수학자 바스카라Bhaskara의 증명은 [그림 1-4]와 같다.

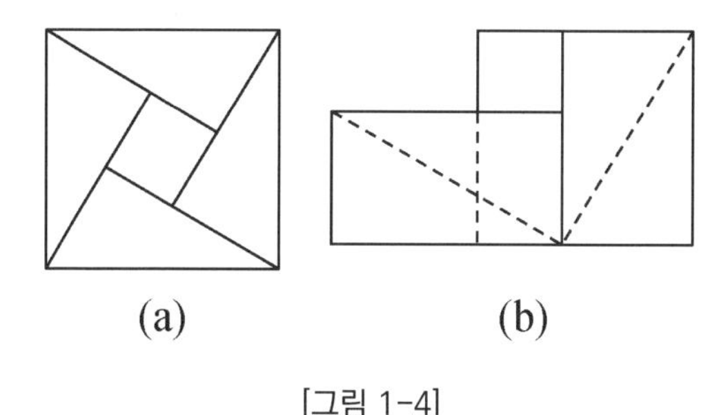

[그림 1-4]

[그림 1-4]의 (a)는 직각삼각형의 빗변을 한 변으로 하는 정사각형으로, 다섯 조각으로 나누어진다. 이 다섯 조각을 다시 배열하면 (b)를 만들 수 있다. [그림 1-4]의 (b)는 두 개의 정사각형, 즉 원래의 직각삼각형의 두 직각변 각각을 한 변으로 하는 두 개의 정사각형으로 볼 수 있는데 이는 곧, 피타고라스 정리의 증명이다.

제임스 A. 가필드James A. Garfield 전 미국 대통령은 대통령이 되기 전 미국 오하이오 주 공화당 의원으로 수학 애호가였다. 그도 피타고라스 정리의 멋진 증명을 다음과 같이 선보였다[그림 1-5].

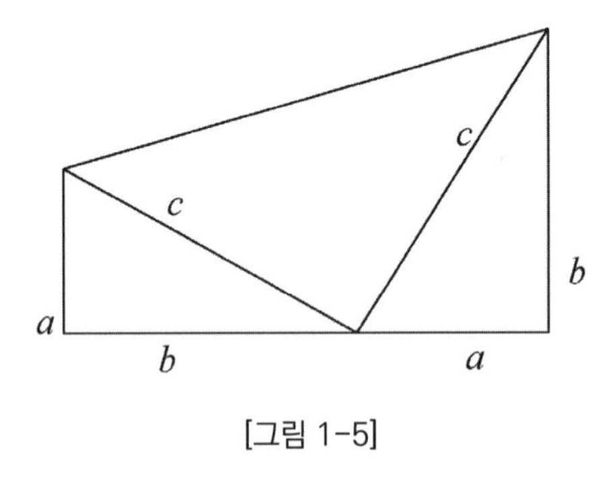

[그림 1-5]

사다리꼴 넓이 공식에 의해,

$$\frac{1}{2}(a+b)(a+b)$$
$$=\frac{1}{2}(a^2+2ab+b^2) \quad \cdots \text{(i)}$$

사다리꼴은 3개의 직각삼각형으로 이루어져 있으므로, 사다리꼴의 넓이는

$$\frac{1}{2}c^2+\frac{1}{2}ab+\frac{1}{2}ab$$
$$=\frac{1}{2}(c^2+2ab) \quad \cdots \text{(ii)}$$

따라서 위의 두 (i), (ii)에 의해

$c^2=a^2+b^2$이다.

이 증명은 1876년 4월 1일 미국 보스턴에서 출판된《뉴잉글랜드 교육일지》에 발표되었다. 1881년에 가필드는 미국의 제20대 대통령에 당선되었으나 안타깝게도 같은 해에 사망했다.

[그림 1-6]과 같은 증명도 있다. 이 그림은 직각삼각형의 두 직각변을 한 변으로 하는 정사각형 두 개를 그린다. 또한 비교적 큰 정사각형의 중심을 지나는 두 개의 직선을 그리는데 하나는 직각삼각형의 빗변과 평행하도록, 또 다른 하나는 빗변에 수직이 되도록 그린다. 그러면 정사각형은 4개의 조각으로 분할된다. 그런 다음 이 4개의 조각과 작은 정사각형으로 빗변을 한 변으로 하는 정사각형이 되도록 도형을 맞춘다.

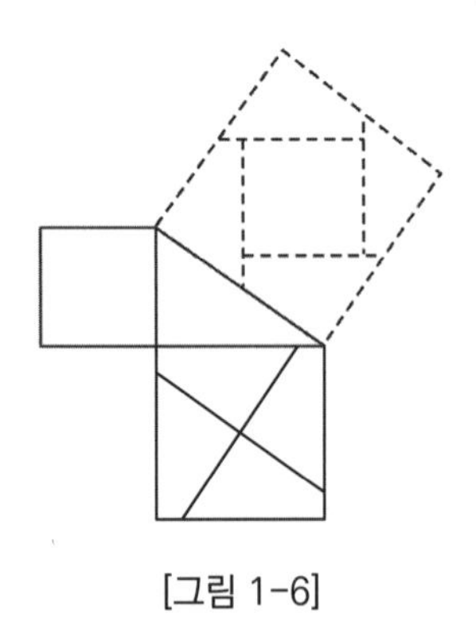

[그림 1-6]

빗변을 한 변으로 하는 정사각형에 5개의 도형이 정확히 채워지므로 '두 직각변의 제곱의 합은 빗변의 제곱과 같다'가 증명되었다.

이 증명은 영국 런던의 주식매니저이자 아마추어 천문학자 헨리 페리갈이 1930년에 발견했다. 그림을 잘라 조각을 맞추는 것으로 어떤 설명도 필요 없으니, 정말 간단명료한 증명이다.

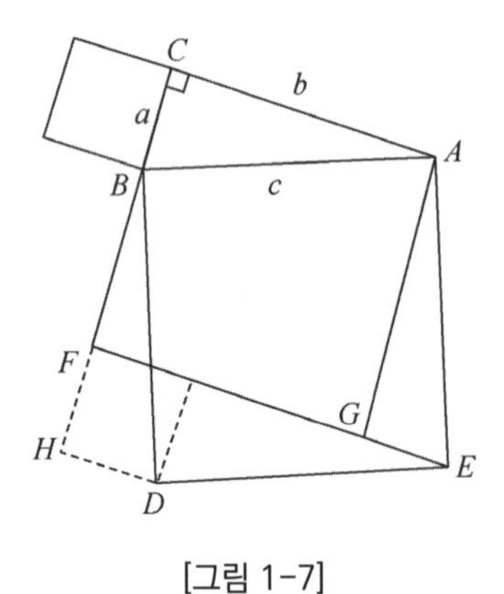

[그림 1-7]

중국의 역대 수학자들이 발견한 피타고라스 정리의 증명 방법은 209가지에 이르며, 대부분은 할보법割補法을 이용했다. 그중 하나의 증명을 소개하려고 한다.

[그림 1-7]에서 알 수 있듯이, 한 변의 길이가 b인 정사각형 $ACFG$의 한 변 FG 위로 한 변의 길이가 a인 정사각형을 이동한 다음, 직각삼각형 BHD, ABC를 변 AG와 FG로 이동하면 한 변의 길이가 c인 정사각형 $ABDE$를 얻을 수 있다.

따라서 $c^2=a^2+b^2$이다.

장대의 길이

어리석은 사람이 장대를 들고 집에 들어오려 했으나

문틀이 대나무를 가로막아 들어오지 못했다

가로가 네 자 더 많고, 세로가 두 자 더 많으니

조급해서 목 놓아 울 수도 없다

어떤 총명한 자가

그에게 기울어진 마주보는 두 각을 가리켰다

어리석은 사람은 그의 말대로 한번 해 보니

많지도 적지도 않은 것이 딱 들어 맞다

장대의 길이가 얼마나 되는지

바로 값을 계산해내는 자는 참으로 훌륭하다

위 내용은 피타고라스 정리에 관한 내용으로 허순방의 『고산취미古算趣味』라는 책에 소개된 내용이다. 읽다 보면 남몰래 웃음이 나오기도 하는데 사실 모두가 다 알고 있듯이 이것은 근본적으로 장대를 가로질러 놓거나 세로로 놓을 필요가 없다. 장대를 전후 방향으로 들어 문으로 들이밀기만 하면 문제가 해결되기 때문이다. 이야기로 돌아가서 우스꽝스러운 요소를 제거하면 하나의 문제로 표현된다.

장대의 길이를 x로 두면, 가로가 네 자 더 많고 세로도 두 자 더 많기 때문에 문틀의 폭은 $x-4$이고, 문틀의 높이는 $x-2$이다. 또 기울어진 마주보는 두 각이 많지도 적지도 않고 딱 맞기 때문에 문틀의 대각선은 정확히 x이다.

피타고라스 정리에 의해,

$$(x-4)^2+(x-2)^2=x^2$$

따라서 장대의 길이는

$x=10$이다.

스테이너 문제

아폴로 순시

고대 그리스인들이 존경한 신 아폴로는 수시로 부근에 있는 세 개의 별을 순시했다. 한번은 아폴로가 순시를 돌고 나서 피곤함을 느껴 별 세 개를 순시할 때 이동 거리가 가장 짧게 되도록 자신의 별 위치를 옮기고 싶었다. 하지만 안타깝게도 그는 자신이 살고 있는 별을 어느 위치로 옮겨야 할지 계산할 수 없었다.

이는 전설이지만 실제로 이 문제는 프랑스의 저명한 수학자 페르마가 갈릴레오의 제자이자 수은 기압계의 발명자인 토리첼리에게 제기한 것이다. 토리첼리는 일찍이 여러 가지 방법으로 이 문제를 해결했다. 비록 이 문제가 일찍 제기되기는 했지만, 후세 사람들은 이 문제를 19세기 수학자 스테이너와 연결시켜 '스테이너 문제Steiner Problem'라고 불렀으며, 헝가리 수학자 리츠Riesz가 이 문제를 독자적으로 해결했다.

수학사에서 스테이너는 근대의 가장 위대한 고전 기하학자 중의 한 명으로 본다. 최근 몇백 년 동안 기하학은 매우 큰 발전을 보였지만, 발전의 방향이 유클리드 기하와 완전히 일치하는 것은 아니다. 예를 들면 해석 기하, 미분 기하, 비유클리드 기하, 위상수학 등이 있는데 오히려 유클리드 기하를 이용해 기하를 연구하는 사람은 많지 않았다.

스테이너는 스위스의 한 농가에서 태어나 14세 때 비로소 책을 읽고 글을 쓸 줄 알게 되었다. 이후에 그는 기하학에 미쳐 밤늦게까지 자주 생각에 빠졌다. 그는 일기에 "1814년 12월 10일, 토요일, 생각 (3+4+4)시간, 새벽 1시에 해결되었다."와 같이 상세하게 기록했다.

'스테이너 문제'의 수학적 표현은 이렇다.

임의의 삼각형 $\triangle ABC$의 세 꼭짓점으로부터 거리의 합이 최소인 점을 찍을 수 있다. 이런 점을 '페르마 점'이라고 한다.

그렇다면 페르마 점의 위치는 어디일까?

$\triangle ABC$의 모든 변에서 바깥쪽으로 각 변을 한 변으로 하는 정삼각형을 만들면 이 세 개의 정삼각형의 외접원은 반드시 한 점에서 만난다. 이 교점이 바로 페르마 점이다. [그림 1-8]에서 P를 페르마 점으로 표시하고 선분 PA, PB, PC를 연결하면 다음과 같이 성립한다.

$$\angle APB = \angle BPC = \angle CPA = 120°$$

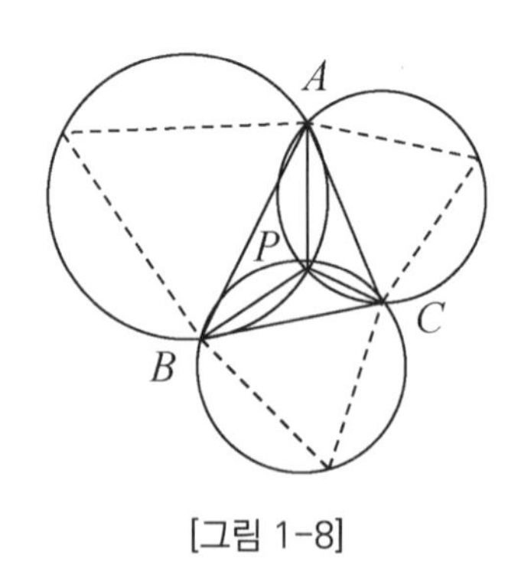

[그림 1-8]

따라서 삼각형 내부의 한 점 P와 삼각형의 각 꼭짓점을 이어 생긴 각 변이 모두 120°의 각을 이룰 때, 점 P를 '페르마점'이라고 정의할 수 있다. 점 P에서 $\triangle ABC$의 세 꼭짓점까지의 거리의 합이 최소임은 증명할 수 있지만, 여기에서는 소개하지 않겠다.

비누막 실험

흥미롭게도 기하학적 방법 외에 물리적인 방법을 사용해도 페르마 점을 찾을 수 있다. 다음의 비누막 실험을 함께 보자.

$\triangle ABC$를 평평한 나무판 위에 모양과 크기가 그대로 유지되도록 그린다. 세 점 A, B, C에 각각 못을 박은 후, 나무판과 못에 비눗물을 바르고 중간에 비누거품을 분다. 비눗방울의 가장자리를 세 개의 못과 꼭 맞닿게 한다[그림 1-9]. 이어 유리판 한 장에도 비눗물을 바르고 가볍게 비눗방울을 덮으면 세 개의 호로 나타난다[그림 1-10].

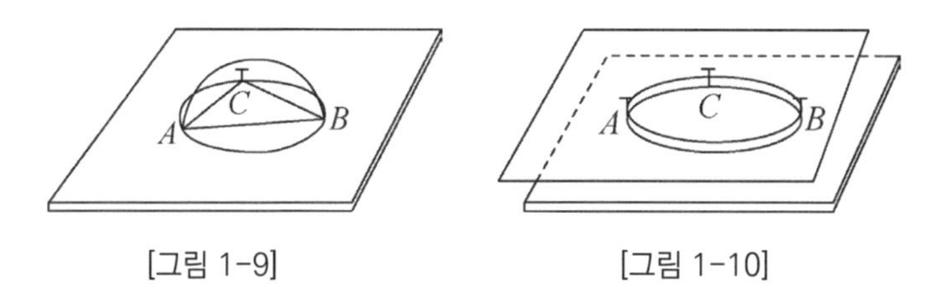

[그림 1-9]　　[그림 1-10]

이 중 어느 한 부분을 바늘로 찔러서 구멍을 내면 다른 두 비누막은 빠르게 미끄러져 세 개의 호가 만나는 평면막으로 이동한다[그림 1-11]. 이 세 개의 평면막이 이루는 각이 모두 120°이므로 점 P는 바로 페르마 점이다.

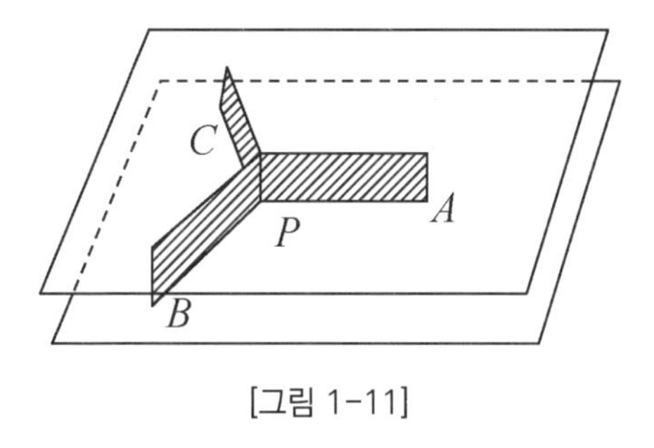

[그림 1-11]

어떻게 해서 비누막으로 페르마 점을 찾을 수 있는 걸까? 이는 비누막의 수축력이 항상 표면적을 최소화하기 때문이다. 페르마 점은 실생활에서 많은 응용이 되고 있다.

간단한 예로 A, B, C 위치에 세 마을이 [그림 1-12]와 같이 위치한다고 하자. 이 세 마을 사이에 방송국을 설치하려는데 전

선이 가장 적게 즉, 세 마을에서 방송국까지의 거리의 합이 최소가 되도록 만들려고 한다. 실제로 가장 좋은 방법은 바로 페르마 점을 이용하는 것이다.

점 P가 방송국의 위치, $\overline{PA}=1800\text{m}$, $\overline{PB}=700\text{m}$, $\overline{PC}=1500\text{m}$라면, 방송국에서 세 마을에 이르는 거리의 총합은 4000m이다. 이는 모든 설계 중에서 최적의 방법으로 이렇게 할 때, 거리의 합이 최소가 된다[그림 1-13].

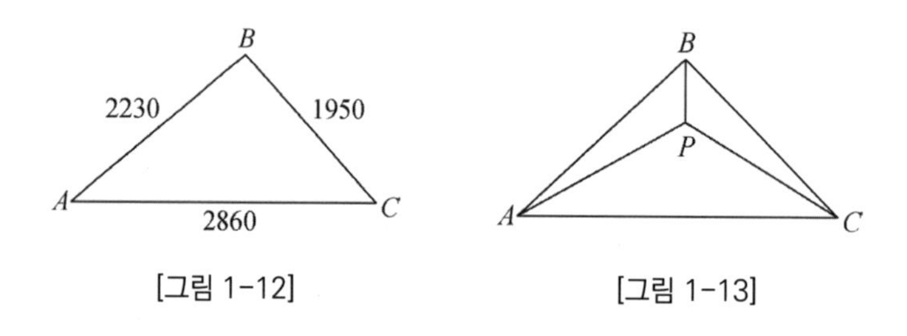

[그림 1-12] [그림 1-13]

만약 $\triangle ABC$의 한 내각, 예를 들어 $\angle A$가 120°보다 크거나 같다면, 점 A가 가장 좋은 방송국의 위치이다.

세 마을 학교 설립 문제

어느 시골마을에 미취학 아동들이 많아 A, B, C 세 마을 사이에 초등학교를 세우기로 결정했다. 이 초등학교의 위치를 어디로 하면 좋을까? 세 마을의 대표는 각자 자기 의견을 내며 몇 가지 방안을 제시했다. 세 마을의 모든 아이들이 학교를 오고 가는 거리의 총합이 가장 적어야 한다는 것으로 의견을 모았다. 주의 깊게 보면 앞의 스테이너 문제와 차이가 있다. 스테이너 문제는 세 마을에서 어느 지점까지의 총 거리가 가장 짧은지에 관한 것이었다. 하지만 지금 우리가 다루고 싶은 문제는 다음과 같다.

만약 A 마을에 50명, B 마을에 80명, C 마을에 100명의 아이가 있고 A, B, C 3개 마을에서 초등학교까지의 거리가 각각 m, n, p라면

$$50m+80m+100p$$

의 최솟값은 얼마일까?

스테이너 문제처럼 거리의 총합 $m+n+p$의 최솟값을 구하려는 것이 아니다. 그래서 이 '세 마을 학교 설립 문제'는 '스테이너 문제'의 확장이라고 본다. 이 문제의 계산은 그리 간단하지 않아 고등 수학을 활용해야 한다.

한 과학자가 교묘한 기계 장치를 설계했다. 계산하기가 편할 뿐만 아니라 누구나 빠르게 계산할 수 있는 장치다. 세 마을의 위치를 A, B, C로 표시한 지도를 나무판자 위에 올린 다음, 세 곳에 각각 작은 구멍을 뚫는다. 그런 후에 나무판자를 수평이 되게 선반 위에 받쳐 놓는다. 예를 들면 두 탁자 사이에 걸쳐 놓을 수 있다. 초칠을 한 두껍고 튼튼한 실 세 가닥을 각각의 작은 세 개의 구멍에 연결시킨다. 세 가닥의 실의 끝에는 마을의 아이 수와 비례하는 무게의 추를 단다. 만약 세 마을의 아이 수가 앞에서 말한 바와 같다면, 세 개의 추 무게를 각각 500g, 800g, 1000g으로 하면 된다. 세 개의 실의 다른 끝을 하나로 단단히 묶고, 손을 놓으면 세 개의 추가 실을 끌면서 아래로 향하게 되는데, 결국 매듭이 끌리면서 어느 한 위치로 옮겨져 점 P의 위

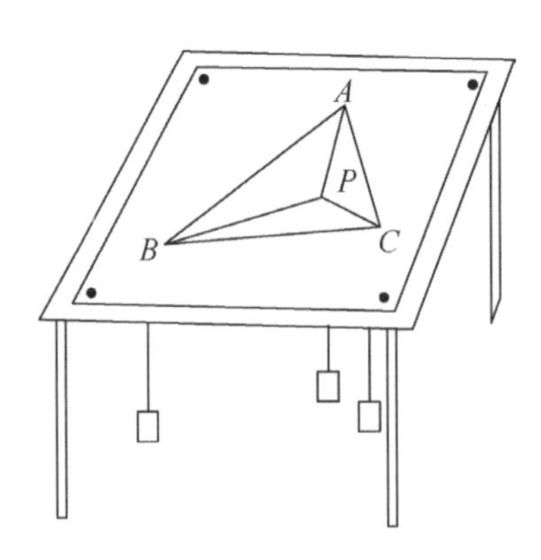

[그림 1-14]

치에서 정지하게 된다. 이때, 점 P가 바로 가장 이상적인 초등학교의 위치이다[그림 1-14].

만약 세 마을의 아이 수가 비슷하다면 점 P는 페르마 점의 부근이 될 것이다. 또한 어느 마을에 아이가 특히 많아 다른 두 마을 아이 수를 합한 것보다 많다면 예를 들어, A 마을 50명, B 마을 80명, C 마을 200명이라면 200명에 해당하는 추가 C 마을 근처까지 점 P가 오도록 당길 것이므로 학교는 C 마을 인근에 세워져야 한다는 의미가 된다. 이 장치는 아주 빨리 답을 계산해 낼 수 있다. 이 장치를 '중력 시뮬레이션'이라고 부르기도 한다.

세 마을 학교 설립 문제는 20세기 폴란드의 수학자 휴고 슈타인하우스Hugo Steinhaus가 『수학만화경』이라는 책에서 제기했다. 중력 시뮬레이션 방법도 그가 제기한 것이다. 슈타인하우스와 바나흐Stefan Banach는 폴란드 수학학파의 중요한 인물이다. 이 학파의 연구 방식은 꽤 독특하다. 그들은 항상 '스코틀랜드'라는 카페에서 함께 커피를 마시면서 시끌벅적하게 토론했다. 수학자 울람Ulam은 젊은 시절, 이런 활동에 참가해 많은 배움을 얻고 『스코틀랜드 카페 회고록』을 출간했다.

수학자들이 카페에서 토론한 내용은 노트 한 권에 기록되었고 이 노트는 카페 주인에 의해 철저히 보관되었다. 이후 제2차

세계대전이 발발해 폴란드의 학교는 파괴되고 지식인은 탄압을 받았다. 하지만 이 노트는 놀랍게도 바나흐의 부인이 끝까지 극적으로 보존해 수학연구와 폴란드 수학학파 연구에 중요한 자료가 되었다.

최단 네트워크

어떤 지역의 *A*, *B*, *C*, *D* 위치에 4개의 마을이 위치해 있다. 그 위치는 한 변의 길이가 100km인 정사각형을 이룬다. 최근 몇 년 사이, 통신 분야의 발전이 매우 빨라 네 도시는 광케이블 통신망을 건설하기로 합의했다. 하지만 건설 비용의 한계로 광케이블은 가능한 한 짧게 설치해야 한다. 설계팀은 이 의도를 전 주민에게 알리고, 공개적으로 최선의 방안을 강구했다. 머지않아 다양한 의견들이 속속 제기되었다[그림 1-15].

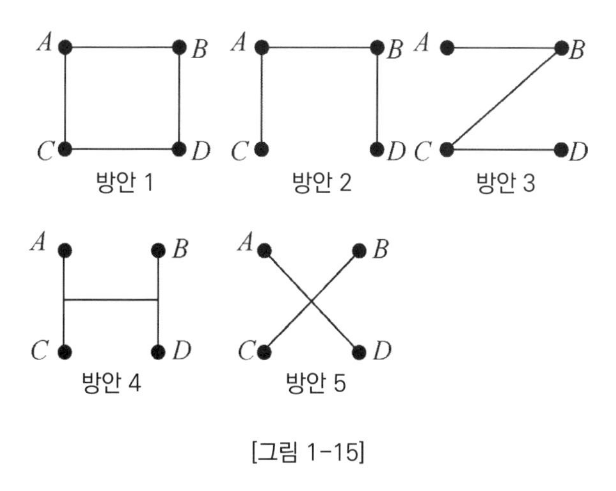

[그림 1-15]

'방안 1'은 정사각형의 변을 따라 사방에 광케이블을 설치하자는 것으로 광케이블의 총 길이는 100×4=400(km)에 달한다.

이는 경제성이 부족하기 때문에 즉시 부결되었다.

'방안 2'는 정사각형의 네 변을 따라 설치할 필요 없이 세 변을 따라 설치하면 된다고 건의했다. 광케이블의 총 길이는 $100 \times 3 = 300$(km)에 불과하다는 것이다.

'방안 3'은 Z자형으로 설치할 것을 건의한 것으로 정사각형의 대각선 거리는

$$\sqrt{100^2 + 100^2} \fallingdotseq 141(\mathrm{km})$$

이므로 광케이블의 총 길이는

$$100 \times 2 + 141 = 341(\mathrm{km})$$

이다. '방안 3'은 '방안 2'보다 좋지 않다. 따라서 부결되었다.

더 나아가 '방안 4'로 H형 노선으로 하자는 의견도 나왔다. 광케이블의 총 길이는 $100 \times 3 = 300$(km)으로 결과는 '방안 2'와 같다.

'방안 5'는 X자형 노선으로 각 도시를 연결하기 때문에 광케이블의 총 길이는

$$2\sqrt{100^2 + 100^2} \fallingdotseq 283(\mathrm{km})$$

에 불과하다. 설계팀은 마침내 최선의 방안을 찾았다고 판단했

다. 그런데 뜻밖에 며칠 지나지 않아 한 젊은이가 여섯 번째 방안을 보내와 광케이블의 총 길이를 또 10km 줄였다.

이 방법은 [그림 1-16]과 같다. 그것은 다섯 개의 선으로 이루어져 있는데, 네트워크에서 두 개의 교점 각각은 세 개의 선이 교차해 생기는 지점이다. 특히 이 교점에서 각각의 선은 모두 120°를 이루므로 광케이블의 총 길이는 273km임을 계산으로 확인할 수 있다.

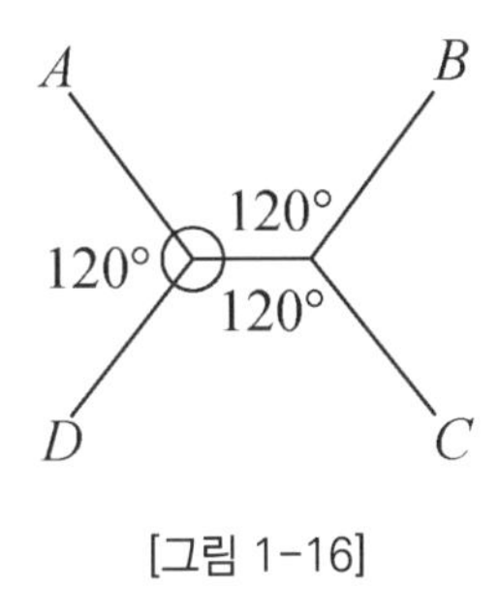

[그림 1-16]

보기에도 마지막 여섯 번째 방안이 가장 좋을 것 같아 설계팀은 이 방안을 채택하기로 결정했다. 설계팀은 구체적인 설계 과정에서 이 방안대로 통신망을 구축할 때 관건은 두 교점을 찾는 것임을 확인했다. 어떻게 하면 이 두 개의 교점을 찾을 수 있을까?

기하 지식을 이용하면 최선의 방안을 찾을 수 있다.

(1) $\overline{AD}$와 $\overline{BC}$를 한 변으로 하는 정삼각형 ADF와 BCE를 정사각형 바깥쪽에 그린다.

(2) $\triangle ADF$와 $\triangle BCE$의 외접원을 각각 그린다.

(3) $\overline{EF}$를 연결하고 $\triangle ADF$, $\triangle BCE$의 외접원과 각각 만나는 점을 H, G라 하고 $\overline{AH}$, $\overline{DH}$, $\overline{BG}$, $\overline{CG}$, $\overline{HG}$를 연결한다[그림 1-17].

두 교점 H와 G를 찾았다! 이때 광케이블 $\overline{AH}$, $\overline{DH}$, $\overline{BG}$, $\overline{CG}$, $\overline{HG}$의 총 길이는 가장 짧고 이는 증명으로 확인할 수 있다. 이 방법은 정사각형이 아닌 사각형에도 적용되며[그림1-18], 이것은 '스테이너 문제'의 또 다른 성질의 확장임을 알 수 있다.

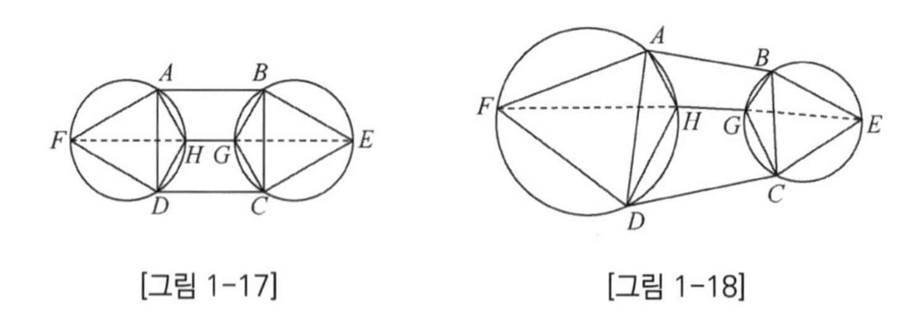

[그림 1-17] [그림 1-18]

재미있는 것은 '비누막 실험'만으로 최단 네트워크를 찾을 수 있다는 것이다. 유리판 위에 네 개의 작은 막대기를 놓고 작은 막대기의 위치는 네 도시의 위치와 마찬가지로 정사각형을 이루게 한다. 이어서 유리판 위에 커다란 비눗방울을 불어서 비눗방울로 네 개의 작은 막대기를 덮는다. 그런 다음 다른 유리판으로 조심스럽게 누르고 바늘로 비누 거품을 뚫으면 비누거품으로 형성된 막이 [그림 1-19]와 같은 위치로 빠르게 미끄러진다. 비누막의 수축력으로 마지막 유리판 위의 위치는 바로 이 문제에서 찾으려는 최선의 방안을 보여준다.

비록 '비누막 실험'을 하기에는 좀 번거롭지만, 이런 문제는 임의의 여러 도시로 확대될 수 있으며, 이 도시들 역시 각양각색의 배치 상황을 가질 수 있다. 비눗방울을 터뜨리면 각각의 막대 사이를 연결하는 비누막이 형성되는데, 이 비누막이 최적의 네트워크를 형성한다. 도시가 매우 많고 도시 배치가 불규칙할 때, 순전히 기하의 방법만으로 문제를 해결하는 것은 쉽지 않다.

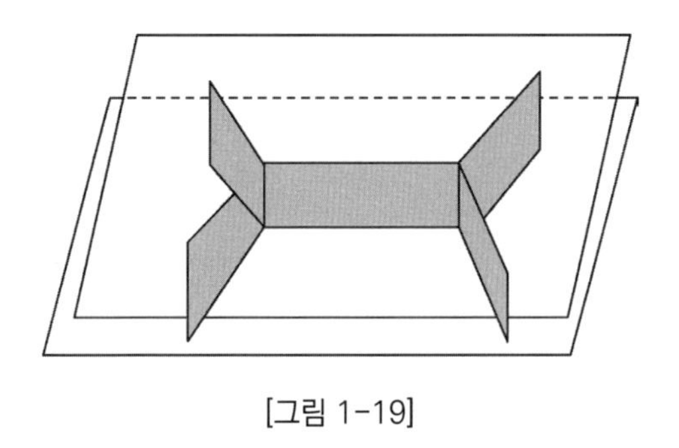

[그림 1-19]

최단 네트워크 문제의 실용적 가치는 크다. 스테이너와 이후의 수학자들은 이 '교점'을 추가하면 주어진 각 점 사이의 총 거리를 더 짧게 만들 수 있다는 것을 확인하였다. 과연 얼마나 더 짧게 할 수 있을까? 하지만 그 누구도 이를 설명하지 못했는데, 1968년에 두 명의 미국 수학자는 '교점'을 늘리는 방법으로 네트워크의 총 길이를 최대 13.4% 즉, $\frac{2-\sqrt{3}}{2}$까지 줄일 수 있다는 추측을 제기했고 이 비를 '스테이너의 비'라고 불렀다. 이 추측을 발표한 이후, 전 세계 많은 수학자들의 흥미를 끌었지만, 몇 년 동안 아무런 진전이 없었다. 그래서 이 추측은 자타가 공인하는 어려운 문제가 되었다.

1987년 미국 벨 전화회사는 전화요금 계산에서 비슷한 문제를 겪었다. 당시 수학자 두딩주 연구원은 1990년부터 벨 연구실의 황광밍과 공동 연구로 마침내 1992년에 이 문제를 해결했으며, 이 추측이 정확하다는 것을 증명했다. 〈그레이트 브리티시 백과사전〉은 이 성과를 그해 '6대 수학 성과' 1위로 꼽았다. 현재 최단 네트워크 문제는 그래프 이론에서 최소 생성트리Minimal spanning tree의 중요한 내용이 되었다.

슈바르츠 삼각형

세 개의 강이 합쳐져 하나의 삼각형을 이루며, 각각의 강에 모두 관리국이 있다. 세 관리국은 항상 서로 협조가 필요하기 때문에 각각의 강 위에 관리소를 건설하려고 한다. 이때 사람들은 관리소 간의 총 거리가 가장 짧기를 바란다. 기하학적으로 표현하면 주어진 $\triangle ABC$에서 둘레의 길이가 가장 짧은 내접삼각형을 만드는 것이다.

이 문제는 이탈리아 수학자 파그나노Fagnano가 1775년에 제기한 것으로 독일 수학자 슈바르츠가 먼저 답을 내었다.

구하는 삼각형은 $\triangle ABC$의 세 꼭짓점에서 대변에 그은 수선 $\overline{AD}$, $\overline{BE}$, $\overline{CF}$의 수선의 발 D, E, F로 구성된 $\triangle DEF$이다. $\triangle ABC$의 모든 내접삼각형 중 $\triangle DEF$의 둘레 길이가 가장 짧다. 이에 삼각형 내부에 수선의 발을 연결해 만든 삼각형을 슈바르츠 삼각형Schwarz triangle이라고 한다.

순수 기하의 방법은 복잡하고 이해가 힘들 수 있으므로 여기에서는 예를 들어 설명하려고 한다. 종이 위에 $\triangle ABC$를 그리고 이 삼각형에 내접하는 임의의 내접삼각형 $\triangle DEF$를 그린다.

삼각형의 세 변의 길이를 a, b, c, 내접삼각형의 세 변의 길이를 u, v, w라고 하자. 그리고 $\triangle ABC$를 다섯 개 더 그린다. 이제 모두 여섯 개의 서로 같은 삼각형이 있다.

[그림 1-20]처럼 여섯 개의 서로 합동인 삼각형을 탁자 위에 놓은 후, 변을 서로 붙인다. $\overline{AC}$의 오른쪽에 삼각형을 맞추어 붙이면 두 삼각형은 $\overline{AC}$에 대칭이다. 이때 이 두 삼각형에서 수선의 발을 연결해 만든 삼각형도 AC에 대칭이고 두 삼각형의 임의의 내접삼각형은 모두 AC에 대해 대칭이다. 특히, 원래 $\triangle ABC$에서 수선의 발을 연결해 만든 삼각형의 한 변 $\overline{FE}$(길이는 a)와 $\triangle AB_1C$에서 수선의 발 D_1을 연결한 $\overline{ED_1}$은 일직선을 이룬다.

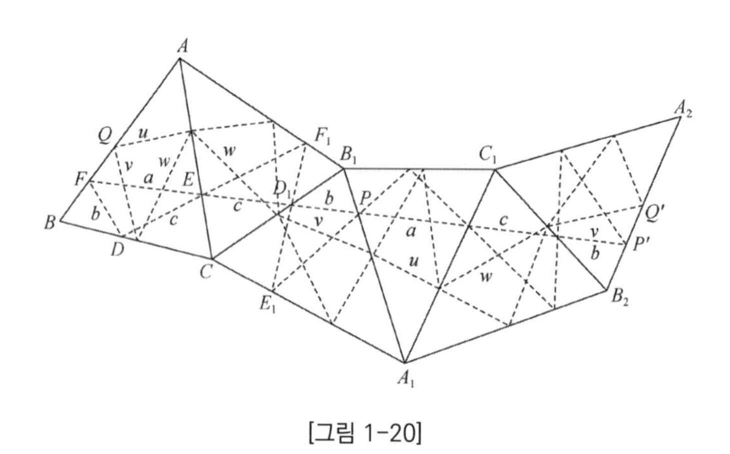

[그림 1-20]

세 번째 삼각형은 $\triangle AB_1C$와 $\overline{B_1C}$에 대해 대칭이다. 또한

$\triangle A_1B_1C$에서 $\overline{D_1P}$(길이 b)와 $\triangle AB_1C$의 $\overline{ED_1}$은 일직선이 된다. 이때 수선의 발을 연결해 만든 삼각형의 둘레는 선분 $\overline{FP}$의 길이와 같다.

[그림 1-20]과 같이 삼각형 세 개를 맞추면 $\overline{FP'}$의 길이는 $\triangle DEF$ 둘레의 2배임을 알 수 있다. 이제 또 다른 내접삼각형을 보자. 이 내접삼각형도 6번 나타나는데, 그림을 자세히 보면 찾을 수 있다. 하나의 꺾어진 선이 구부러진 채로 첫 번째 삼각형에서 여섯 번째 삼각형까지 뻗어 있고, 그것의 길이는 이 내접삼각형의 둘레($w+u+v$)의 2배이다. 두 점을 직선으로 연결한 길이가 가장 짧다는 것은 평면 기하에서 가장 기본적인 원리 중 하나이다. 따라서 이 꺾인 선이 $\overline{QQ'}$의 길이보다 길다. $\overline{AB}$는 $\overline{A_2B_2}$와 평행하고, $\overline{QQ'}$는 $\overline{FP'}$와 평행하기 때문에 $\overline{QQ'}$와 $\overline{FP'}$의 길이는 같다.

따라서 수선의 발을 연결해 만든 삼각형의 둘레의 길이는 임의의 내접삼각형의 둘레 길이보다 짧다는 것이 증명되었다. 흥미로운 것은 수선의 발을 연결해 만든 삼각형의 둘레 길이가 가장 짧은 것과 빛의 성질 사이에 어떤 관계가 있다는 것이다.

$\triangle ABC$의 세 변이 거울면으로 되어있다고 생각하자. 만약 수선의 발 D에서 $\overline{AC}$ 위의 E로 한줄기 빛을 쏘면, 거울의 반사를

거쳐 반드시 F점을 향하게 된다. 다시 $\overline{AB}$의 반사를 거쳐 반드시 D점을 향하게 된다. 그런 후에 다시 E, F, D로 반사를 반복한다. 만약 $\triangle ABC$를 매끄러운 테이블이라고 하고 이 특수한 테이블 위에서 당구를 한다면, 예를 들어 D에서 $\overline{AC}$ 위의 E로 공을 치게 되면 $\overline{AC}$의 반사를 거쳐 반드시 F점을 쏘게 된다. 그리고 $\overline{AB}$의 반사를 거쳐 반드시 D점을 쏘게 된다. 그리고 다시 E, F, D로 반사가 계속되고 운동이 멈출 때까지 반복된다.

빛은 왜 D, E, F 세 점 사이에서만 맴돌까? 그 원리는 사실 매우 간단하다. 수선의 발을 연결해 만든 삼각형은 하나의 성질이 있는데, 바로 원래 삼각형 $\triangle ABC$의 각 꼭짓점에서 수선의 발을 연결해 만든 삼각형의 각 꼭짓점을 연결하면 [그림 1-21]과 같이 그 선분은 각을 이등분한다는 것이다.

$$\angle EDA = \angle ADF$$

$$\angle DEB = \angle BEF$$

$$\angle EFC = \angle CFD$$

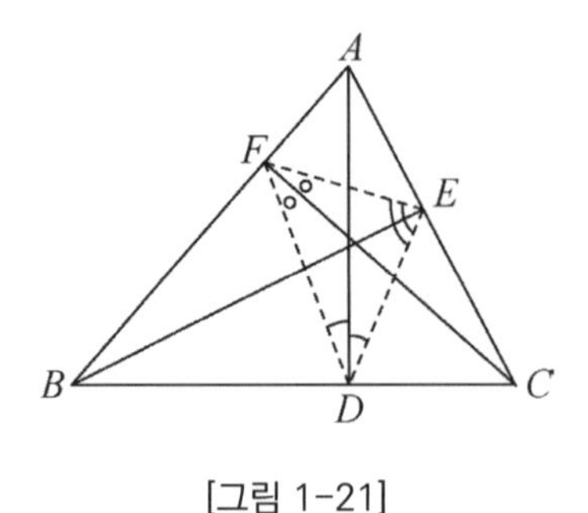

[그림 1-21]

이는 입사각과 반사각의 크기가 같다는 기본 원리가 적용된 것이다. 위 현상에 나타난 배경은 이 규칙의 결과이다. 일반적인 상황에서, 빛은 항상 가장 짧은 노선을 택해 나아가는데 수선의 발을 연결해 만든 삼각형이 내접삼각형 중 둘레의 길이가 가장 짧은 것은 바로 이런 원리 때문이다.

테셀레이션

바닥에 타일을 까는 것을 주의 깊게 본 적이 있을까? 보통 타일은 정삼각형, 직사각형, 마름모, 정육각형 등 다양한 평면다각형이다. 사람들은 타일을 겹치지 않고 빈틈도 없도록 배열해 여러 가지 아름다운 테셀레이션 도안으로 만들 수 있다[그림 1-22].

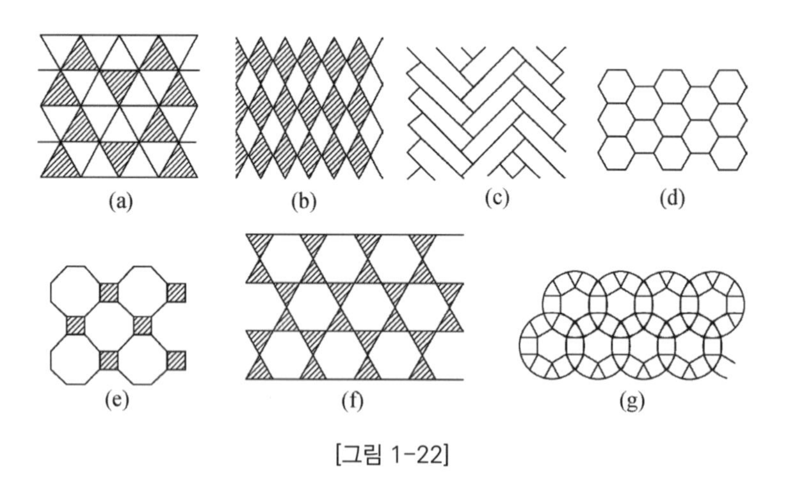

[그림 1-22]

그런데 누구도 정오각형 타일로 채워진 바닥을 본 적이 없다. 왜 그럴까? 이 문제는 일찍이 피타고라스학파가 제기한 문제이다.

평면 위의 각은 360°이므로 다각형의 내각을 더했을 때 360°가 되는 경우 각의 꼭짓점을 한데 모을 수 있고, 겹치지 않고 빈틈도 없도록 평면을 타일로 채울 수 있다.

삼각형의 내각의 크기의 합은 180°이고, 두 삼각형의 내각의 합은 360°이므로 삼각형(정삼각형이든 임의의 삼각형이든)으로 평면을 채울 수 있다[그림 1-23].

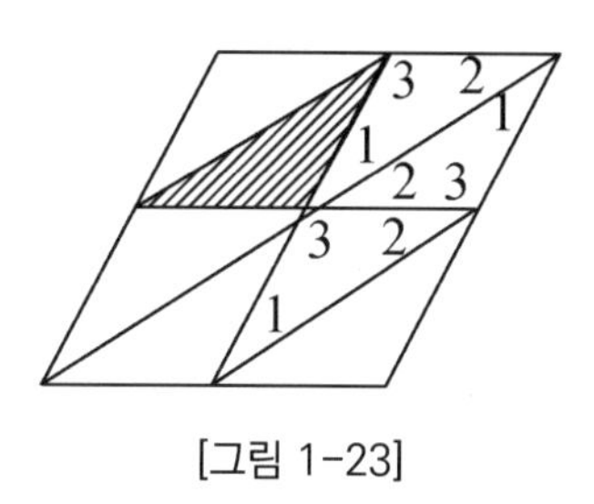

[그림 1-23]

정육각형으로도 평면을 채울 수 있다. 왜냐하면 정육각형의 한 내각은 120°이고, 세 내각의 합은 360°이기 때문이다.

하지만 정오각형의 한 내각은 108°이다. 이와 같은 도형의 세 꼭짓점을 합쳐서 만든 각은 324° 밖에 되지 않는다. 만약 이런 도형의 네 꼭짓점을 한 점에서 만나도록 이어 붙이면, 각은 360°를 넘는다. 그래서 정오각형만으로는 평면을 다 채울 수 없다[그림 1-24].

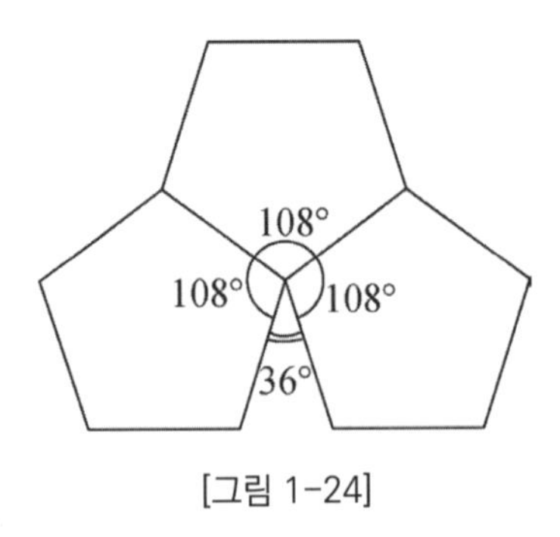

[그림 1-24]

뿐만 아니라, 피타고라스 학파에서는 정수의 성질을 이용해 증명하였는데, 만약 모양과 크기가 완전히 같은 정다각형으로 겹치지 않고 빈틈도 없이 바닥을 채우려면 이 도형들은 정삼각형, 정사각형, 정육각형일 수밖에 없다는 것이다. 이 결론은 서로 다른 정다각형으로 평면을 채우는 가능성을 배제하지 않는다.

어느 한 공장의 폐자재 더미 안에 대량의 나무판자가 쌓여 있다. 이 나무판자들은 크기와 모양이 같지만 모두 비뚤비뚤한 다각형이다. 이것들을 비교적 규칙적인 모양으로 바꾸려면 모서리를 잘라내야 하는데 이는 매우 소모적인 일이다.

이때 이 나무판자들을 바닥에 깔아 보자는 의견이 제기되어 좋은 효과를 거두었다[그림 1-25]. 직사각형, 마름모, 평행사변형, 혹은 임의의 사각형을 막론하고 그것들의 내각의 합은 모두 360°이기 때문에 그것들을 편리하게 바닥에 깔 수 있었다.

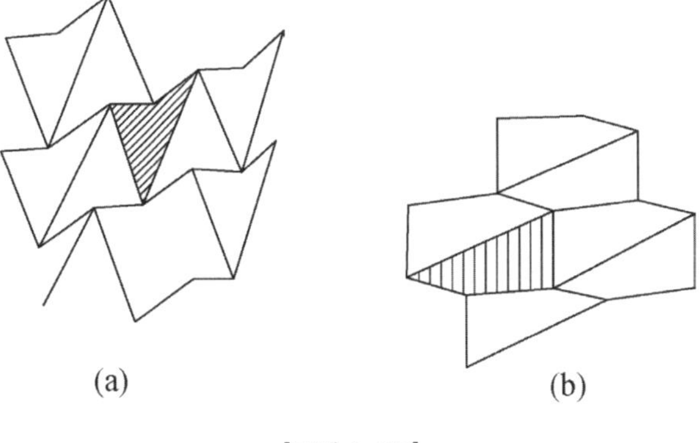

[그림 1-25]

만약 몇 가지 정다각형으로 바닥을 채우는 것을 허용한다면, 그 형태는 더 많을 것이다. [그림 1-22]에서 (e), (f), (g)의 테셀레이션 도안이 모두 가능하다. (e)의 경우, 매 교차점마다 두 개의 정팔각형과 한 개의 정사각형이 있다. 정팔각형의 한 내각의 크기는

$$(8-2)\times 180°\times \frac{1}{8}=135°$$

이므로 두 개의 정팔각형의 내각과 하나의 정사각형의 내각이 합쳐지면 정확히 360°가 된다. 현재 17가지의 테셀레이션 구조를 찾았다. 테셀레이션 문양은 타일 디자인뿐만 아니라 꽃무늬 천 디자인에도 유용하다. 만약 사람들이 [그림 1-22]에 나오는 몇 가지 패턴의 천을 자주 입는다면 매우 단조롭게 보일 것이다. 하지만 [그림 1-22]의 (a)의 정삼각형 그림에 [그림 1-26a]의 (a)

와 같은 도형을 그려 넣으면 [그림 1-26]의 (b)와 같은 도형이 된다. 기본 패턴으로 [그림 1-26]의 (c)와 같은 꽃무늬 패턴 구성도 가능하다. 도안을 예술적으로 처리해 마침내 '원숭이 세 마리' 그림을 얻었다.

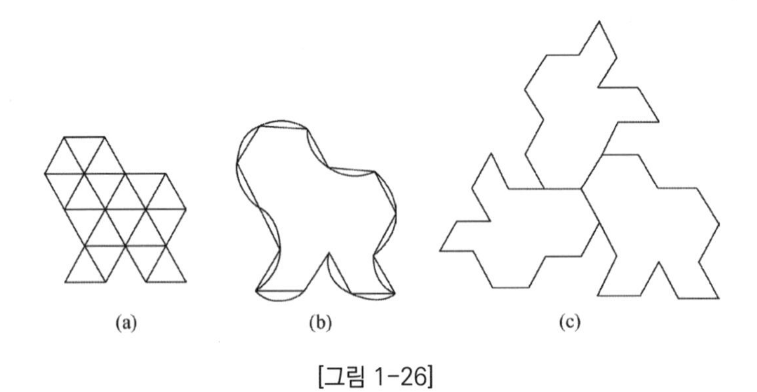

[그림 1-26]

복잡한 역사

칠교판을 '탱그램Tangram(당도唐圖, 당나라 그림)'이라고도 한다. 수학사 연구에 따르면 칠교판은 중국 당나라 시대에 탄생한 것이 아니라 명·청 두 시기에 걸쳐 생겨난 것으로 보인다. 현존하는 가장 오래된 칠교판 관련 문헌은 청나라 도광의 1813년 『칠교도합벽』으로 여기에 칠교판 300여 점이 포함되어 있다. 청대에 또 한 권의 『칠교팔분도』는 책 전체가 모두 8권으로 구성되어 있으며, 7개의 조각이 결합되어 만들어진 도형과 문자에 대한 상세한 기록이 있다.

칠교판의 역사는 고증하기 어렵지만 유머러스한 저명한 수학 퍼즐 전문가 샘 로이드가 뜻밖에도 이것을 제재로 삼아 독자와 후대 사람들에게 전했다. 그는 1903년에 그의 책에서 정사각형을 일곱 조각으로 잘라 만든 칠교판을 소개했다[그림 1-27]. 7개의 조각을 이용해 각양각색의 도형을 맞출 수 있는데, 특히 사람, 동물, 화초, 건축 등을 생동감 있게 묘사할 수 있다[그림 1-28].

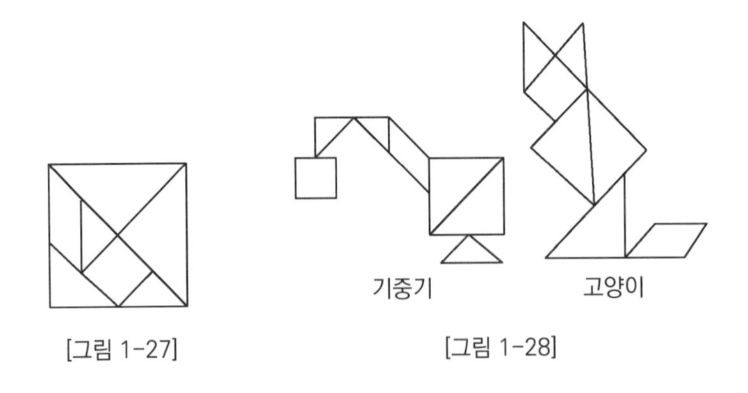

[그림 1-27] [그림 1-28]

칠교판은 후대에 많은 사람에게 영향을 끼쳤다. 1814년 프랑스의 나폴레옹이 라이프치히 전투 후 지중해의 엘바섬으로 유배되었을 때, 매일 칠교판 놀이에 심취했다고 한다. 미국의 유명한 작가인 에드거 앨런 포 또한 칠교판을 상아로 특별히 만들 정도로 좋아했다. 1805년 유럽에서는 처음으로 칠교판에 관한 서적이 출간되었다. 영국 케임브리지대학 도서관에는 지금까지도 『칠교도보』가 소장되어 있다.

칠교판의 발전

칠교판은 [그림 1-27]과 같이 정사각형을 7개의 조각으로 나눈 것이다. 그렇다면 다른 방식으로 분할할 수는 없을까? 이런 질문은 칠교판을 개선하는 열풍을 일으켰다.

일본의 저명한 여성문학자 세이 쇼나곤은 일찍이 '지혜판'이라는 것을 발명했는데 중국의 칠교판이 일본에 전해지기 전부터 존재했다고 한다. 유럽에는 '행복한 7'이라는 이름의 칠교판이 있었다. 이는 고대 이집트 출토 문물의 도안으로부터 변천되었다. 베트남에서는 이색적인 계란형 칠교판을 만들기도 했다. 중국 민간에서는 '익지도'라고 불리는 완구가 있는데, 조각이 더 많아 더 다양한 도안을 맞출 수 있다.

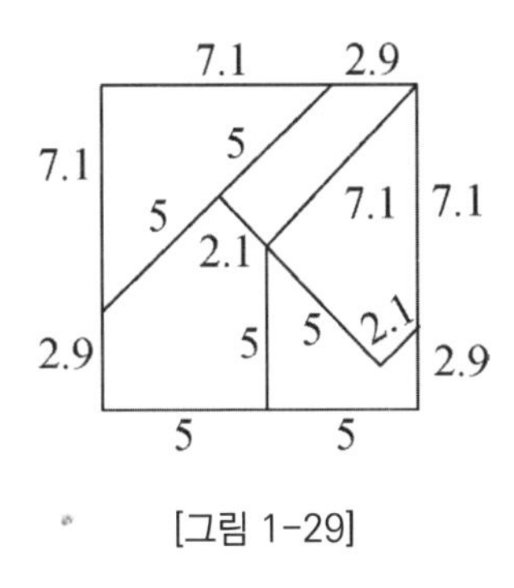

[그림 1-29]

1986년 중국에서 개최된 두뇌계발 완구 디자인 공모전에서 한 참가자의 '오교판'은 '칠교판'보다 더 다양한 도안을 보여주었다[그림 1-29]. 재미있는 것은 닭을 주제로 '오교판 닭 맞추기 대회'를 개최했다는 것이다. 대회에 참가한 남녀노소 수백 명은 모두 수천 개의 퍼즐 작품을 만들어냈다. 경기의 우승자는 144가지의 형상이 각기 다른 닭 도안을 제출했다. 이 그림을 '백계연'이라고 부른다[그림 1-30]. 시상식에 참가한 한 노인은 즉석에서 다음과 같은 시 한 수를 지어 오교판 놀이의 즐거움을 잘 표현했다.

백두칠성은 오교판을 이동시키고,

조각은 머리를 맞대고 움직이며,

총명한 닭의 모습을 드러내며,

지혜를 더해 무궁무진하게 즐거움을 더한다.

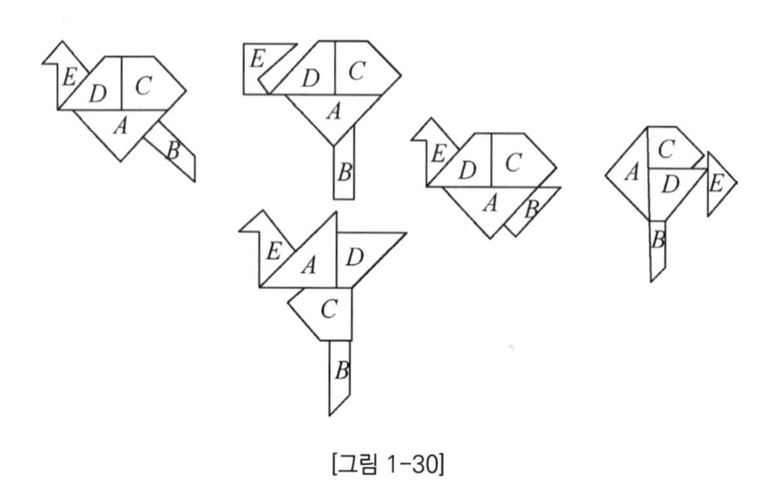

[그림 1-30]

칠교판의 응용, 표현의 열기 속에서 어떤 사람들은 게임의 관점에서만 바라보지 않았다. 1980년대에 이르러, 한 칠교판 '광'인 여성은 유전자의 구조를 형상적으로 설명하기 위한 칠교판을 생각했다. 7개의 조각은 고정되어 있지만, 무궁무진한 도형을 짜낼 수 있다.

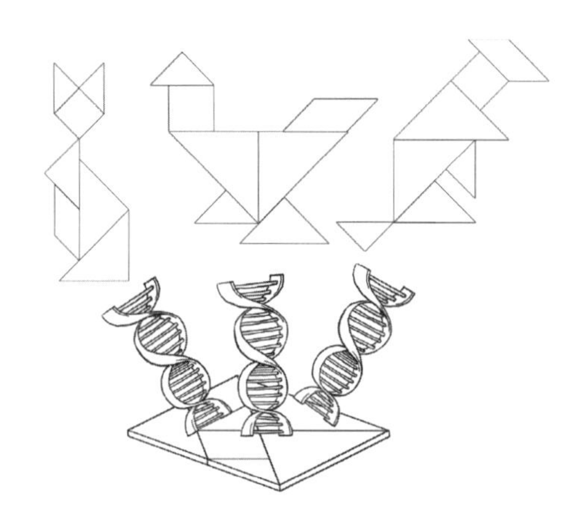

이것은 몇몇 같은 유전자에서 서로 다른 구조를 구성할 수 있다는 것과 일맥상통한다. 또한 어느 교수는 '삼각칠교판'을 고안해 삼각법에서 많은 공식을 기억하도록 도움을 주었다.

칠교판에 대한 연구 작업은 여러 곳에서 활발히 이루어졌다. 일찍이 1817년에 W.윌리엄은 논문에 칠교판으로 해결할 수 있는 기하학적 문제들을 열거했다. 일본에서도 '칠교판 하나로 몇 개의 볼록 다각형을 만들 수 있을까?' 하는 연구가 있었다. 사실 1942년에 이미 칠교판 하나로 13가지 종류의 볼록 다각형을 맞출 수 있다는 것이 증명되었는데, 그중에는 삼각형 1개, 사각형 6개, 오각형 2개, 육각형 4개가 포함된다.

최근 몇 년 동안 여러 사람이 칠교판에 관한 새로운 과제를 제기했다. 예를 들면, 정사각형을 7개 도형으로 분할할 때, 어떤 방법이 가장 많은 볼록 다각형을 만들 수 있는가, 하는 것이다.

한 문제 제기자는 '어떻게 잘랐을 때 삼각형을 가장 많이 만들 수 있을까?'라고 물으며 잘 오려내면 253가지의 볼록다각형을 만들 수 있다고 했다. 이 문제는 지금까지 해결되지 않고 있다. 더욱 눈길을 끄는 것은 칠교판과 인공지능을 결합해 연구하는 사람들이 있다는 점이다. 미국 메릴랜드대학교 인공지능AI 전문가는 '칠교판 문제 해결을 위한 탐색 프로그램'을 설계했다. 여러분이 어떤 도형을 그리기만 한다면, 컴퓨터는 2초 이내에 이 도형을 칠교판으로 맞출 수 있는지, 만약 가능하다면 어떻게 맞추어야 하는지 알려줄 수 있는 프로그램이다.

이와 같은 칠교판의 이론상 큰 발전은 아마도 일반적으로 칠교판을 놀이로만 다루었던 사람들은 생각지도 못한 일이며, 또한 고대의 칠교판의 무명 발명가들도 생각하지 못했던 것들이다.

각의 삼등분 문제

2000여 년 전, 고대 그리스인은 유명한 3대 작도 문제인 '임의의 각을 3등분하는 문제, 정육면체의 부피를 두 배로 늘리는 문제, 원과 넓이가 같은 정사각형을 작도하는 문제'를 제기했다. 이후 사람들은 이를 '3대 작도 불가능 문제'라고 부른다. 그 이유를 살펴보자.

우선, 작도 도구를 제한하지 않는다면, 이 문제들은 결코 어려운 문제가 아니다. 사용하는 도구에 대해 고대 그리스의 오에노피데스Oenopides는 매우 까다로운 조건을 제시했으나, 이후 플라톤, 유클리드 등의 제창과 수정을 거쳐 마침내 눈금 없는 자와 컴퍼스로 정했다. 이 도구로 인해 3대 작도 문제는 난이도와 상관없이 실질적으로 해결할 수 없는 문제가 되었다. 옛날 사람들은 해결할 수 있다고 생각했는데 계속해서 풀리지 않자 이를 '불가능한 문제'라고 여겼다. 당시 오에노피데스가 제시한 조건은 다음과 같다.

작도를 할 때, 자와 컴퍼스만 사용할 수 있고 다른 도구를 사용할 수 없으며, 자의 눈금이나 어떤 기호도 사용할 수 없다. 심지어는 자의 모서리도 이용할 수 없으며 자와 컴퍼스를 함께 사용하거나 몇 개의 자를 동시에 사용할 수도 없다.

이러한 제한 조건에서 눈금 없는 자는 주어진 두 점을 지나는 직선을 그리거나 이 직선의 연장선을 긋는 데 이용할 수 있다. 또한 컴퍼스로는 임의의 점을 중심으로 임의의 주어진 길이를 반지름으로 하는 원 또는 호를 그릴 수 있다.

기하학의 3대 작도 문제가 제기된 이후, 많은 수학자가 이를 해결하기 위해 온갖 지혜를 다 짜냈지만 풀 수가 없었다. 1755년, 많은 수학자와 수학 애호가들이 3대 작도 문제의 연구에 실패하면서 프랑스 파리 과학원은 3대 작도 문제에 관한 연구보고와 논문을 더 이상 받아들이지 않기로 결정해 지나치게 열정적이었던 난제 마니아들에게 찬물을 끼얹었다. 아울러 사람들이 3대 작도 문제가 해결가능한 것인지를 의심하기 시작하면서 이론의 발전을 이끌었다.

이는 의외의 수확으로 3대 작도 문제는 근대에 이르러서야 '작도문제는 해결될 수 없다'는 것이 증명되었다. 1637년 전후에 데카르트가 해석기하학을 만들면서 작도 가능성의 준칙이 마련되었다. 1837년 프랑스 수학자 방첼Wantzel은 눈금 없는 자와 컴퍼스로는 각의 삼등분 문제와 정육면체의 부피를 두 배로 늘리는 문제를 해결할 수 없다는 것을 증명했다. 1882년 린더만Lindeman은 π가 초월수임을 증명했고, 눈금 없는 자와 컴퍼스로 '원과 넓이가 같은 정사각형을 그리는 문제'는 작도 불가능하다는 것을 증명했다.

1895년, 클라인이 과거의 연구 성과를 종합해 3대 작도 문제가 눈금 없는 자와 컴퍼스로 작도 불가능함을 보이는 간단명료한 증명을 하면서 2000여 년의 현안을 완전히 해결했다.

힘든 성과

3대 작도 불가능 문제 중 가장 손꼽히는 것은 각의 삼등분 문제이다. 어떤 사람은 각을 삼등분하는 것이 뭐가 어렵냐고 말할 수 있다. 그래서 시도해 보는 사람도 많지만 이내 고통을 느끼게 된다. 어떤 사람들은 각의 삼등분 문제에 빠져드는 것은, 어떤 각을 이등분하는 것이 매우 쉽다고 생각되거나 혹은 특수한 각, 예를 들면 직각을 삼등분하는 것이 어렵지 않기 때문이라고 설명한다. 즉, 60° 혹은 30°만 그릴 수 있다면 직각 하나를 삼등분할 수 있기 때문이다.

사실 일부 특수한 각을 삼등분하는 것은 어렵지 않지만, 임의의 각을 삼등분하는 것은 간단하지 않다. 이 문제는 보기에 간단해 보일 수 있으므로 많은 사람이 눈금 없는 자와 컴퍼스로 해결이 불가능하다는 것을 쉽게 믿지 않으며 모두 직접 해 보려고 시도한다.

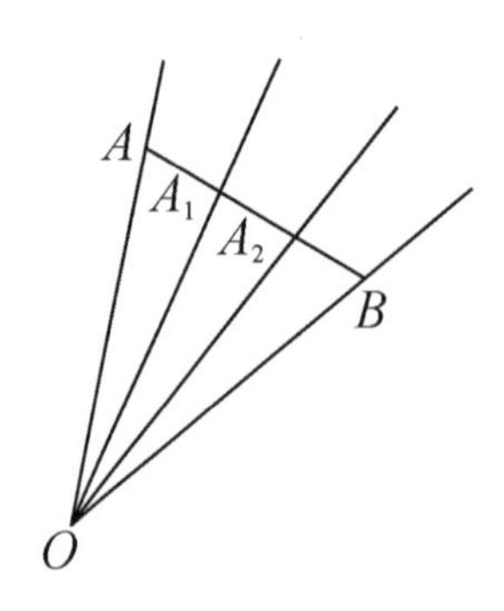

[그림 1-31]

예를 들어, [그림 1-31]과 같이 $\overline{OA}=\overline{OB}$인 두 점 A, B를 연결해 $\overline{AB}$를 긋고, $\overline{AB}$의 삼등분점(선분의 삼등분은 쉽게 해결할 수 있다)을 점 A_1, A_2라고 하면, $\overline{OA_1}$, $\overline{OA_2}$는 각 $\angle AOB$를 삼등분이라는 결론을 내린다. 하지만 정확히 살펴보면 점 O를 원의 중심으로 $\overline{OA}$를 반지름으로 하는 원의 호 $\widehat{AB}$를 삼등분하는 것으로 현 $\overline{AB}$의 삼등분점과 같지 않다.

그래서 사람들은 혼란함을 느끼기 시작했다. 갈팡질팡하면서도 일부 사람들은 위험을 무릅쓰며 탐구를 계속해 나갔다. 어떤 사람들은 임의의 순간에 얻은 뜻밖의 해법에 기뻐하고, 수학계의 난제를 해결했다고 생각해 스승에게 보여주거나 수학자에게 편지를 쓰거나, 관련 잡지사에 투고하기도 했다.

또 어떤 이는 「과학월간」에 다음과 같은 각의 삼등분 작도법을 발표했다[그림 1-32].

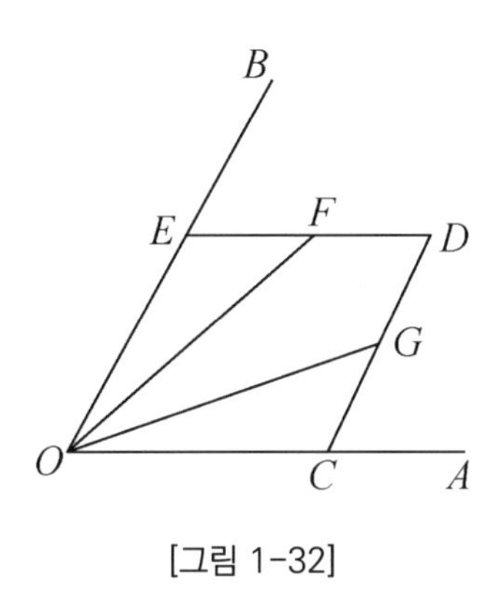

[그림 1-32]

$\overline{OA}$, $\overline{OB}$ 위에 점 C, E를 각각 찍어 $\angle AOB$를 한 내각으로 하는 마름모 $COED$를 만든다. $\overline{ED}$와 $\overline{CD}$의 중점 F와 G를 찍고 점 O와 연결해 $\overline{OF}$와 $\overline{OG}$를 긋는다.

그러면 $\angle AOG=\angle FOG=\angle FOB$이므로 즉, $\angle AOB$는 삼등분 된다.

하지만 위의 증명은 틀렸다. $\angle AOG=\angle FOB$이지만 $\angle FOG$는 같지 않기 때문이다. 이런 증명을 한 사람을 탓하기보다 이를 이해하지 못한 월간지의 편집자들을 지적해야 한다.

오래된 성의 전설

'각의 삼등분 문제'는 어떻게 제기되었을까? 다음에 전해지는 이야기를 함께 보자.

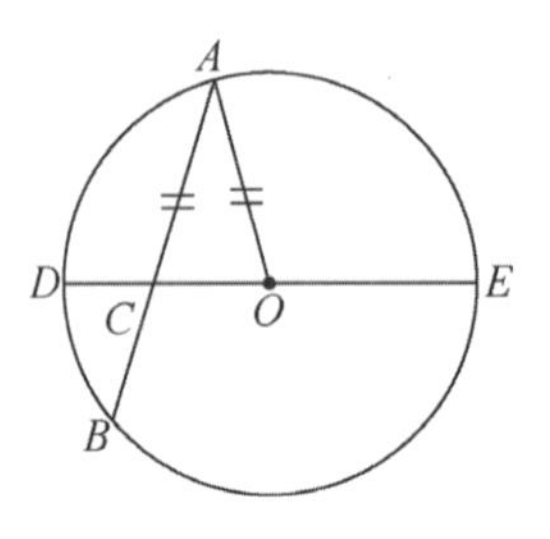

[그림 1-33]

원형의 고성古城에 첫째 공주가 살고 있었다. 공주의 침실은 원의 중심 O에 위치했고 침실 아래에는 작은 강($\overline{DE}$)이 흐르고, 성곽의 담장에는 두 개의 문(A와 B)이 열려있으며 침실의 O에서 문 A까지 작은 길이 있다. 또 문 A에서 문 B까지 작은 오솔길로 이어져 있고, 그 사이에 강 DE를 지나는 작은 다리가 C에 있다. 이때, $\overline{AO}$와 $\overline{AC}$의 길이는 정확히 일치한다[그림 1-33].

왕의 침실이 문 B와 가까웠기 때문에 왕이 공주를 만나러 갈 때 문 B로 나가 오솔길을 따라 작은 다리를 건너 문 A까지 갔다가 다시 오솔길로 꺾어 공주의 침실 O에 도착한다. 그런데 왕은 문 B에서 공주의 침실(O) 사이에 길을 만들 생각을 하지 못했다. 아마도 원래 있던 오솔길 양쪽의 풍경이 비교적 아름다워서 그들은 차라리 길을 우회해서 가기를 원했을지도 모른다.

몇 년 후에 국왕은 둘째 공주를 위해 성을 건설하려고 했다. 둘째 공주는 그녀의 성을 언니의 성과 똑같이 지어 줄 것을 국왕에게 요구했다. 국왕은 별 생각 없이 승낙했다. 둘째 공주를 위해 성곽에 원형 담장을 쌓고 침실과 강, 심지어 문 B까지 완공되자 건축가들은 문 A를 열 준비로 $\overline{AO}$와 $\overline{AC}$를 축조하고, C에 작은 다리를 건설하려고 했다. 바로 이때 건축가의 예상을 뒤엎고 큰 의문이 생겼다. 수학에 조예가 깊었던 건축가가 뜻밖에도 문 A의 위치를 정할 수 없었던 것이다.

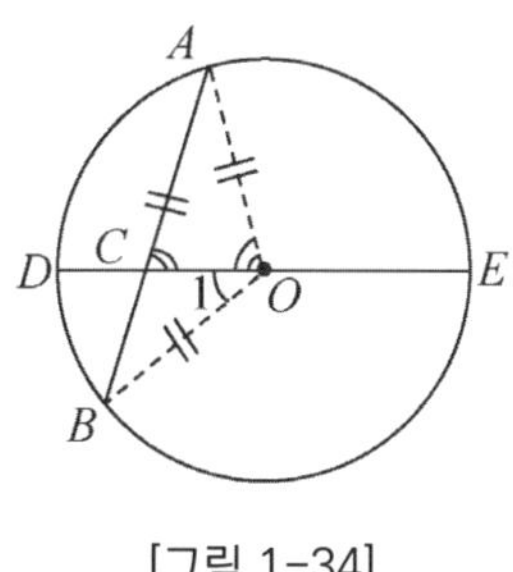

[그림 1-34]

그 이유는 무엇일까? 원래 첫째 공주의 성에서 $\overline{AO}=\overline{AC}$였다. 이 조건을 만족시키기 위해서는 각을 삼등분해야 한다.

$\angle COB$를 $\angle 1$[그림 1-34]라고 하면,

$\overline{AO}=\overline{AC}=\overline{OB}$ 이므로 $\angle AOC=\angle ACO=\angle 1+\angle B$이고

$\angle A=\angle B$, $\angle A+\angle ACO+\angle AOC=180°$이다.

따라서 $\angle B+(\angle 1+\angle B)+(\angle 1+\angle B)=180°$이므로

$\angle B=\frac{1}{3}(180°-2\angle 1)$이다.

$180°-2\angle 1$을 삼등분해야 $\angle B$를 얻을 수 있는 것이다! 바로 각의 삼등분 문제이다.

건축가는 속수무책으로 임금에게 사실대로 알릴 수밖에 없었다. 국왕이 현자를 불러 와도 해결 방법이 없었다. 결국 아르키메데스가 이 문제를 해결했다. 그의 방법은 [그림 1-35]와 같다.

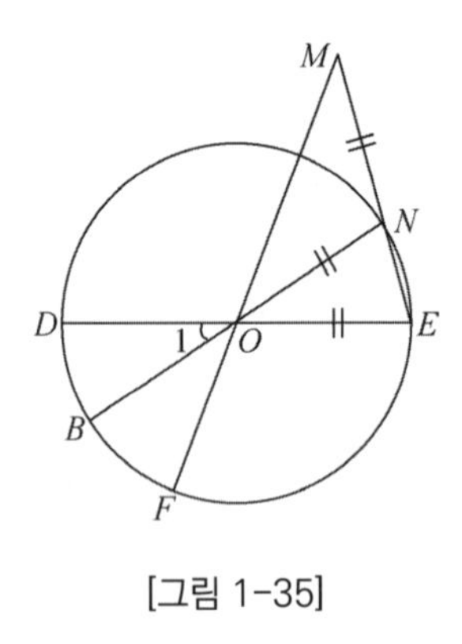

[그림 1-35]

먼저 점 B를 원의 중심으로 하고 $\overline{BD}$를 반지름으로 하는 호를 그려 원둘레와 만나는 점을 F로 하면, $\angle EOF$는 $180°-2\angle 1$과 같다. 여기에서 아르키메데스는 $\angle EOF$를 삼등분하는 방법을 고민했다.

우선 (눈금 있는) 자로 직선을 긋고 $\overline{MN}$이 원 O의 반지름의 길이와 같도록 점 M, N 두 점을 찍는다. 그런 다음 점 N을 점 E 쪽으로 점점 이동시켜 점 N이 원둘레 위의 점이 되었다고 생각하면, 점 M은 $\overline{FO}$의 연장선 위에 나타낸다.

이때, $\overline{MN}=\overline{ON}$이므로 $\angle M=\angle MON$이고

$$\begin{aligned}\angle EOF &= \angle M+\angle MEO \\ &= \angle M+\angle ONE \\ &= \angle M+(\angle M+\angle MON) \\ &= 3\angle M\end{aligned}$$

즉,

$$\begin{aligned} 3\angle M &= (180°-2\angle 1) \\ \angle M &= \frac{1}{3}(180°-2\angle 1)\end{aligned}$$

$\angle M$이 바로 우리가 구하려는 각이다. $\angle M$을 알면 우리는 문 A의 위치를 정할 수 있다. 물론 아르키메데스의 방법은 컴퍼스와 눈금 있는 자를 사용해 작도의 조건에는 맞지 않았지만 어쨌든, 그는 이런 방법으로 건축가가 문 A의 위치를 찾도록 도왔다. 그렇지 않았다면, 둘째 공주의 성곽에는 문 B 하나만 있었을 것이다.

각을 삼등분하는 방법

눈금 없는 자와 컴퍼스만을 이용해 임의의 각을 삼등분하는 것은 불가능하다. 하지만 작도 도구에 제한을 두지 않으면 각을 삼등분하는 방법은 매우 다양하다. 우선 '각을 삼등분하는 도구'로 임의의 각을 삼등분할 수 있다. 아래에 소개하는 두 가지 도구를 함께 보자.

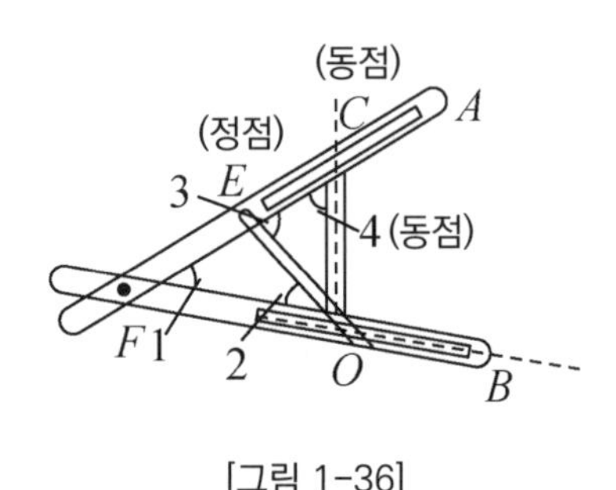

[그림 1-36]

첫 번째 도구는 4개의 나무 작대기로 구성된다. 그중 두 개 $\overline{FA}$와 $\overline{FB}$의 중간 지점에 홈이 있고, F지점을 못으로 고정시키거나 연결시켜서 이리저리 움직일 수 있도록 한다. 세 번째 나무 작대기는 FA의 중점 E에 한쪽 끝을 고정, 다른 한쪽 끝과 네 번째 작대기는 O에서 서로 만나고, 이때 O는 $\overline{FB}$ 위의 홈 안에서 연결된 지점으로 부드럽게 움직인다. 네 번째 작대기의 다른 한쪽 끝은 $\overline{FA}$ 위의 C지점에 홈과 연결되어 부드럽게 움직인다. 또한 $\overline{FE}=\overline{OE}=\overline{OC}$이다[그림 1-36].

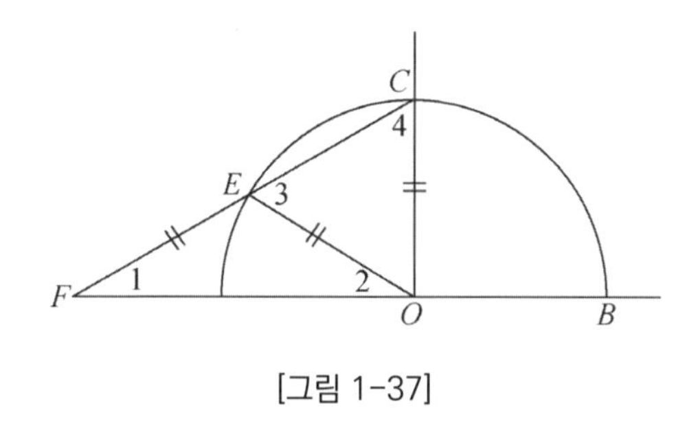

[그림 1-37]

이 도구를 사용할 때, 주어진 임의의 각과 점 O가 겹치도록 하고 $\overline{OB}$, $\overline{OC}$와 각의 두 변이 겹치도록 둔다. 그러면 $\angle EOF$는 $\angle BOC$의 $\frac{1}{3}$이 된다. 왜 그럴까? [그림 1-37]에서 $\overline{FE}=\overline{OE}=\overline{OC}$ 이므로 $\angle 1=\angle 2$, $\angle 3=\angle 4$이다.

$\angle 3$은 $\triangle EOF$의 외각이므로 $\angle 3=2\angle 2$이다.

$\angle BOC$는 $\angle COF$의 외각이므로 $\angle BOC=\angle 4+\angle 1$

$=\angle 3+\angle 2$

$=3\angle 2$

두 번째 각을 삼등분하는 도구는 [그림 1-38]과 같은 종잇조각이다. $\overline{AB}=\overline{OB}$이고, $\overline{BD}$와 반원은 서로 접하도록 한다. 이 도구를 사용할 때, 자의 $\overline{BD}$ 부분을 각의 꼭짓점 N에 최대한 붙이고 각의 한 변 $\overline{NM}$은 점 A를 지나고 다른 한 변은 $\overline{NR}$과 접하도록 하고 접점을 P라고 한다. 이때, $\angle MNR$은 $\angle MNB$, $\angle BNO$, $\angle ONR$로 삼등분된다. 이는 정삼각형과 원의 접선의 성질을 이용한 것으로 각자 증명해 보길 바란다.

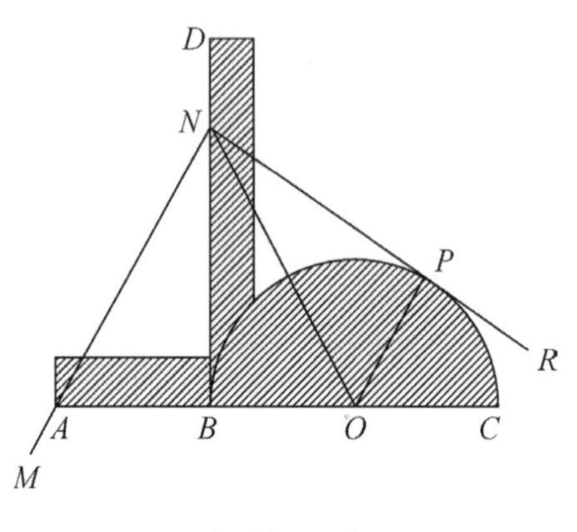

[그림 1-38]

그 밖에도 특수한 곡선, 예를 들어 할선곡선Quadratrix, 나사선Conchoid, 나선Spiral으로도 임의의 각을 삼등분할 수 있다. 흥미로운 것은 급수도 각의 삼등분 문제를 해결하는 데 도움이 된다는 것이다.

$$\frac{1}{2}-\frac{1}{4}+\frac{1}{8}-\frac{1}{16}+\cdots$$

위의 식은 공비가 $-\frac{1}{2}$로 각 항의 크기가 점점 작아지는 등비

급수이다. 무한등비급수의 합 공식을 이용하면,

$$\frac{1}{2}-\frac{1}{4}+\frac{1}{8}-\frac{1}{16}+\cdots=\frac{\frac{1}{2}}{1-\left(-\frac{1}{2}\right)}=\frac{1}{3}$$

주어진 각을 먼저 이등분하고 다시 그것의 $\frac{1}{4}$을 빼고, 또 다시 그것의 $\frac{1}{8}$을 더하고, …, 이 과정을 계속 진행한다.

이 과정은 작도로도 가능하다. 또한 무한으로 작도한다면 임의의 각을 삼등분하는 것이 가능함을 말해 준다. 현실적으로 무한에 이르는 것은 불가능하므로 이는 이론상의 결과일 뿐이다. 하지만 이런 방법은 임의의 각을 삼등분하는 것에 근접하므로 임의의 순간에 각의 $\frac{1}{3}$인 근삿값을 얻을 수 있다.

삼각형의 외각의 합은 360°

울프상 수상자인 중국 수학자 천성신 교수는 학술세미나에 참석해 "삼각형 내각의 합을 180°라고 말하는 것은 옳지 않다." 라고 말했다. 장내의 학자들은 그의 말에 놀라 어리둥절했다.

"천 교수가 말을 잘못 한 걸까요? 아니면 제가 잘못 들었나요?" 사람들이 귓속말로 수군거렸다. 이때 그는 다시 입을 열었다.

"'삼각형의 내각의 합은 180°이다'의 결론이 틀렸다는 것이 아니라 문제를 보는 방법이 틀렸다는 것입니다. '삼각형의 외각의 합은 360°이다'가 맞습니다."

천성신은 왜 이런 주장을 한 것일까? 사실 이렇게 말하는 것이 더욱 보편성이 있다. 다음을 보자.

- 삼각형의 내각의 합은 180°이고, 외각의 합은 360°이다.
- (볼록)사각형의 내각의 합은 180°가 아니다. 그러나 외각의 합은 여전히 360°이다.
- (오목)오각형의 내각의 합은 180°가 아니지만, 외각의 합은 360°이다.

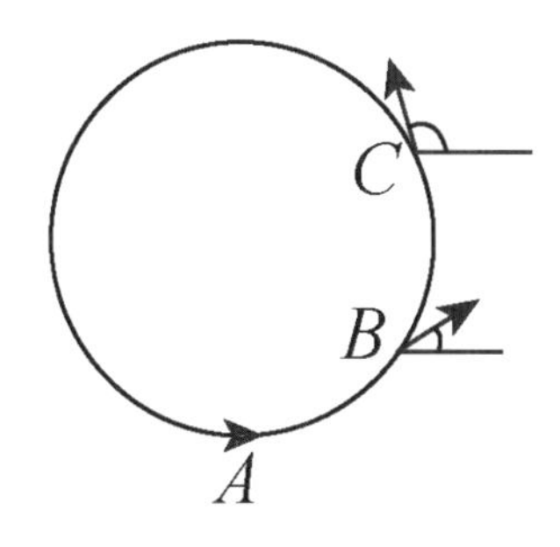

[그림 1-39]

게다가 이 결론은 확장할 수 있다. 작은 벌레 한 마리가 사각형의 가장자리를 따라 기어간다고 상상해 보자. 벌레가 어느 꼭짓점에 이르면, 방향을 돌려서 계속 올라가야 하고, 두 번째 꼭대기에 이르렀을 때 또 방향을 돌려야 한다. 원래의 위치에 돌아왔을 때, 방향을 바꾼 각의 총합은 360°이다. 비록 오목 사각형이라고 할지라도 이 결론은 항상 성립한다.

이번에는 작은 벌레가 원주를 따라 기어간다고 상상해 보자. 이때 기어가던 방향은 매순간 바뀐다. 예를 들면, 처음에는 벌레가 점 A에서 시계반대방향으로 기어간다. 처음에는 동쪽을 향하다가 서서히 북동쪽, 북서쪽, …, 마지막으로 점 A로 돌아왔을 때 다시 동쪽을 향한다. 따라서 방향을 바꾼 각의 총합은 360°이다[그림1-39].

관점을 내각에서 외각으로 바꾸어 '외각의 합은 360°이다.'라고 확장하니 '방향의 변화량이 360°이다'가 되었다. 천 교수는 이 기초 위에 곡면 위의 폐곡선에서 '기어가기 문제'를 연구했다. 예를 들어 지구 적도 둘레를 돌거나, 북회귀선에서 '기어가기'를 할 때 방향을 바꾸게 된다. 1944년 천성신은 일반 곡면에서 폐곡선 방향의 변화량의 총합 공식을 찾았는데, 이것이 바로 '가우스-보네-천Gauss-Bonnet-Chern 공식'이다. 이를 토대로 이론을 발전시켰는데 이 이론은 물리학에서 중요한 응용으로 활용되어 획기적인 공헌을 했다. 바로 관점을 내각에서 외각으로 바꾼 것이다.

과학자의 안목은 남다르다. 천성신은 당대의 대수학자로 '광섬유 묶음Fiber bundle' 등의 방면에서 중요한 성과를 거두었다. 노벨 물리학상 수상자인 양전닝은 1954년에 '게이지이론'을 창시하였는데, 1974년에 천성신과 이야기를 나누던 중 광섬유 묶음 이론이 마침 그가 게이지이론을 표현하려고 했던 수학 도구라는 것을 알게 되었다. 그리고 광섬유 묶음 이론은 30여 년 전부터 나왔다는 사실을 알게 되었다. 양전닝은 "이것은 놀랍기도 하고 당혹스럽기도 하다. 수학자들은 이 개념을 무턱대고 상상해 낼 수 있다."라며 감탄했다. 이에 천성신은 "분명한 것은 이 개념들이 결코 환상적으로 나온 것이 아니라는 것이다. 그것들은 자연스러울 뿐만 아니라 또 진실이기도 하다."라고 대답했다.

'광섬유 묶음' 개념은 어떻게 생겼을까? 양전닝은 수학자가 무에서 유를 환상적으로 그려냈다고 말했는데, 천성신은 그것의 실제 배경이 있다고 생각했다. 어찌 되었건 수학자의 예리한 안목이 없었다면 광섬유 묶음의 개념은 생겨날 수 없었을 것이다.

2장

수학은 언제나 해피엔딩

수학의 눈으로 기발하게 재는 법

해피엔딩 문제

해피엔딩

헝가리는 비록 작은 나라이지만 수학대국으로 수학 경시대회의 전통은 헝가리에서 비롯되었다. 헝가리는 많은 저명한 수학자를 배출하였는데, 당대의 걸출한 수학자 폴 에어디쉬도 그중의 한 명이다.

1933년 어느 날, 에어디쉬와 몇몇 수학 애호가들의 모임이 있었다. 당연히 그들의 대화 내용에 수학이 빠질 수 없었다. 이날 에스터 클라인이라는 여성이 이목을 끌었는데 그녀가 낸 문제에 현장에 있던 남성들이 도전했고 모두가 이 여성의 재능에 놀라움을 금치 못했다.

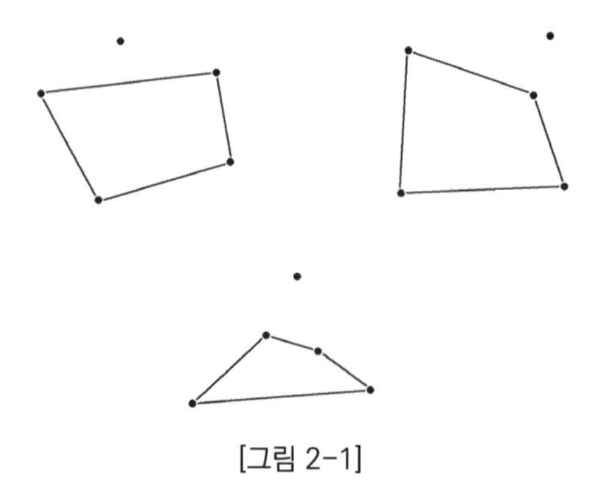

[그림 2-1]

문제 : 평면 위에 임의의 다섯 개의 점을 그려 그중 임의의 세 점이 한 직선 위에 있지 않다면 네 점을 연결해 반드시 볼록 사각형을 얻을 수 있다[그림 2-1].

클라인은 이미 이 결론을 증명했다고 공언했고, 장내는 쥐죽은듯 조용해졌다. 이윽고, 남성들은 종이와 펜을 꺼내 그녀의 문제를 연구하기 시작했다. 하지만 아무도 이 결론을 증명할 수 없었다. 클라인은 매우 의기양양하게 증명 과정을 설명했고 모든 사람은 순순히 패배를 인정할 수밖에 없었다. 그 자리에 있던 남성 중에는 폴 에어디쉬 외에도 세케레시라는 남성도 있었다. 두 사람은 이 문제에 대해 심도 있는 연구를 진행해 더욱 엄청난 결과를 얻었다.

이 모임에서 수학문제로 가까워진 세케레시와 클라인은 1937년에 결혼을 하게 되었고 수학자 부부의 사랑 이야기의 결말은 완벽했다. 결혼 후 70여 년 동안, 두 사람은 위기를 맞은 적이 없었으며, 2005년 세케레시와 클라인은 마치 약속이라도 한듯 같은 날 세상을 떠났다.

이 러브스토리는 수학문제로 시작해 마침내 풍성하고 아름다운 결실을 맺었기 때문에, 인연을 맺어준 그 수학문제를 '해피엔딩 문제'라고 부르게 되었다.

괴짜 수학 천재

폴 에어디쉬에게 있어서 이성은 늘 관심 밖이었다. 그저 그는 평생 수학 연구만을 즐기며 살았다. 그는 수학 천재이자 괴짜였다. 혹시 에어디쉬가 평생 몇 편의 논문을 썼는지 아는가? 아마도 그 수를 상상조차 할 수 없을 것이다. 바로 1,475편의 논문을 썼다. 그는 한 달에 두 편 꼴로 논문을 발표했는데 이 수는 오일러에 버금간다. 그를 '오일러 2세'라고 불러도 무방할 정도이다. 에어디쉬의 논문은 정수론, 그래프 이론, 조합론, 확률론 등 그 범위가 매우 광범위하며 8개의 추측도 내놓았다.

에어디쉬는 세계 곳곳을 돌아다니면서 세계 각지의 수학자들과 함께 연구하는 것을 좋아했다. 어느 날, 그는 열차 승무원과 수학 문제에 대한 열띤 논의를 하다가 결국 승무원과 공동 논문을 쓰게 된다. 이를 보면 그가 여러 부류 사람들과의 작업도 마다하지 않음을 알 수 있다. 그는 수학을 자신의 생명보다 더 소중하게 여겼다. 한번은 그의 한쪽 눈이 실명되어 병원에서 겨우 적당한 각막을 찾아 빠르게 수술 일정을 잡았는데 에어디쉬는 논문을 발표하는 것이 더 시급하다고 주장하며 수술을 받으려 하지 않았다. 의사의 거듭된 권유로 에어디쉬는 겨우 수술실로 들어갔지만, 그는 수술실에서조차 큰소리로 불빛이 너무 어두워서 자신이 책을 볼 수 없다고 불평했다. 결국, 의사는 부득이

하게 한 수학자에게 부탁해 그와 이야기를 나누게 하고서야, 순조롭게 수술을 진행할 수 있었다.

1996년 에어디쉬는 83세의 나이로 세상을 떠났는데, 마지막 임종 순간에도 가까스로 깨어나서 이렇게 말했다고 한다.

"여러분 가지 마세요, 저는 아직 두 가지 문제가 더 있습니다."

에어디쉬는 차세대 수학자의 성장에 관심이 많았다. 어느 해 그는 오스트레일리아 강연에서 당시 8세였던 테렌스 타오를 만났고 그를 격려했다. 이후 흥미로운 것은 영국 언론이 2010년 선정한 '수학 천재 10인'에 에어디쉬, 테렌스 타오 모두 이름이 올랐다는 점이다.

최단거리=가장 빠른 길?

어느 농부의 집과 토지는 모두 강의 한 기슭에 있었다. 이 농부는 매일 일을 마친 후 강에서 옷을 깨끗이 정리한 후에야 집으로 돌아갔는데 '어떤 경로로 걸어야 최단거리가 될까?'라고 생각했다.이 문제를 수학적으로 표현하면 바로 다음과 같은 기하 문제가 된다.

직선 MN 위에 있지 않은 두 점 A, B가 있다. $\overline{AP}+\overline{PB}$가 최소가 되는 직선 MN 위의 점 P를 구하시오.

고대 그리스의 헤론은 빛이 항상 최단 경로로 나아간다는 힌트를 얻어, 한 가지 방법을 제시했고 이 문제를 완벽하게 해결했다. 헤론의 방법은 직선 MN을 거울이라고 생각하고 A에서 빛을 쏘아 거울의 반사를 거쳐 B로 향한다면, 그 빛의 경로가 농부가 가야 할 최단경로가 된다는 것이다.

이 문제의 기하학적 접근방법을 좀 더 살펴보면 점 A의 직선 MN에 대한 대칭점 A'와 B를 연결한 후 직선 MN과의 교점을 P로 하면 이때 $\overline{AP}+\overline{PB}$의 길이가 가장 짧다[그림 2-2].

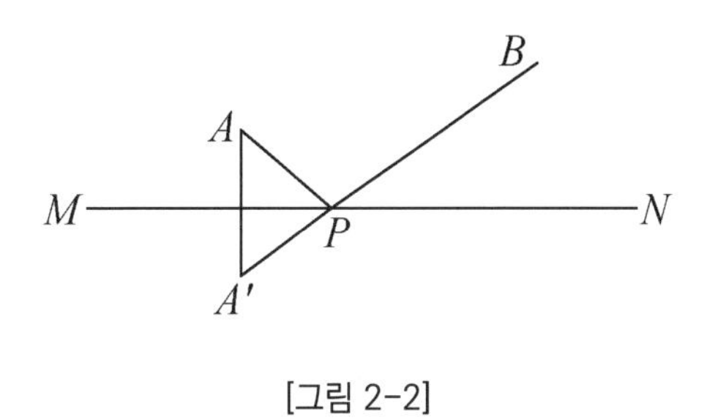

[그림 2-2]

17세기 프랑스 수학자 페르마는 이야기를 하나 듣게 되었다. 병사들이 A지점에서 훈련하는 도중 갑자기 B지점에서 불이 났다는 것이다. 장군은 병사들을 지휘해 강변 MN의 한 지점까지 달려가 물을 취한 후 B로 가서 불을 끄게 했다. 또 장군은 $\overline{AP}+\overline{PB}$의 거리가 가장 짧게 되는 점 P의 위치를 예측했다. 이에 불은 곧 진화되었다. 페르마는 병사들이 강가로 뛰어갈 때는 빈손이지만 철모에 물을 담아 병영으로 달려올 때는 속도가 틀림없이 늦어질 것이라고 말했다. 빨리 달리면 철모 안의 물이 쏟아지기 때문이다. 페르마는 물을 얻는 지점 P를 병영 쪽으로 이동시키는 것이 더 효과적이라고 생각했다. 그러면 빈손으로 달리는 거리는 좀 더 길어지겠지만, 시간은 오히려 더 적게 든다.

유럽에도 비슷한 이야기가 전해진다. 외지에서 일하던 청년이 있었다. 아버지가 갑자기 위독하다는 소식을 듣고 급히 집으로 돌아가고자 했다. 그가 집으로 돌아가는 방법 중 하나는 큰길로 간 후에 작은 늪지를 가는 것이지만, 지도상에서 이것은 시행착오처럼 보였다. 또 다른 하나의 방법은 곧게 뻗은 길이지만 전부 늪지였다. 청년은 곧게 뻗은 길이 가장 짧을 것이라고 생각해 후자를 선택했다. 하지만 안타깝게도 그의 선택은 잘못된 것으로 그가 집에 도착했을 땐 아버지는 이미 숨을 거둔 뒤였다.

거리가 최단이라고 해서 시간이 가장 절약되는 것은 아니다. 빛의 경로가 가장 짧은 거리를 간다고 하더라도 시간이 가장 적게 드는 것은 아니다.

페르마는 문제를 간파하고 연구를 시작했다. 그는 걸리는 시간은 당연히 경로와 관계가 있다는 것을 알게 되었는데, 일반적으로 말하면 경로가 길수록 시간이 더 걸린다. 그러나 시간은 속도와 관련되어 있고, 속도가 빠르면 빠를수록 당연히 더 적은 시간이 든다. 하지만 도대체 최단 시간을 나타내는 경로는 어떻게 구할 수 있을까? 단번에 구하기는 어렵다.

이후, 페르마는 빛의 굴절현상에서 힌트를 얻었다. 우리는 빛이 동일한 매질에서 진행해 반사할 때, 입사각은 반사각과 같다는 것을 안다. 빛의 원리는 입사각과 같은 반사각의 기초 위에 세워진다. 사람들은 빛이 서로 다른 매질에서 진행할 때, 예를 들면 공기 중에서 물속으로 빛을 쏘면 빛이 굴절을 일으킨다는 것을 발견했다.

1637년 데카르트는 빛의 굴절현상에서 다음의 성질 즉, 입사각의 사인값과 반사각의 사인값의 비는 빛이 이 두 매질에서 진행할 때의 속도비와 같다는 것을 증명했고 다음과 같은 식으로 표현했다.

$$\sin\alpha : \sin\beta = v_1 : v_2$$

여기서 α와 β는 각각 입사각과 반사각이며, v_1와 v_2는 각각 첫 번째 매질과 두 번째 매질에서의 진행 속도이다. 원래 빛은 두 개의 다른 매질을 통과할 때도 최단 경로를 따라가지만, 가장 짧은 시간을 나타내는 경로를 따라가는 것은 아니다[그림 2-3].

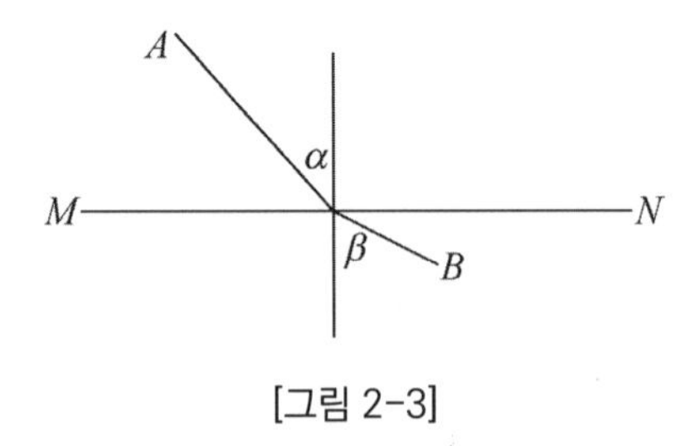

[그림 2-3]

이 공식은 정확한 것이지만 훗날 페르마는 데카르트의 증명에 허점이 있음을 발견하고 비판했다. 그런데 페르마의 논문에도 오류가 있다는 것이 밝혀져 쌍방이 10년에 걸쳐 논쟁을 벌였다.

앞서 언급한 두 이야기는 모두 위 공식으로 해결할 수 있다. 이 공식에 따르면 장군은 병사들이 맨손으로 이동하는 속도와 철모에 물을 담아 이동하는 속도에 따라 최적의 지점 P를 찾을 수 있다. 청년도 큰길에서의 속도와 늪에서의 속도에 의지해 큰길에서 일정 부분의 길을 걸어야 한다는 것을 알아챈 후에 다시 늪지대로 옮겨서 걸을 수 있다. 이렇게 했다면 그는 아버지의 임종을 지켰을지도 모른다.

길이 단위에 관한 이야기

어느 날, 영국의 큰 범선 한 척이 뉴질랜드에 정박하게 되자, 현지 원주민 마오리족 사람들은 호기심 가득한 눈으로 관심을 보였다. 마오리족의 추장은 선박에서 누웠다가 다시 일어나고 또다시 누웠다가 일어나기를 반복하며 바쁘게 움직이며 비지땀을 흘렸다.

"뭐 하는 짓이냐!" 영국 선장은 매우 이상했지만, 마오리족 사람들은 이를 결코 이상하게 여기지 않았다. 추장이 선박에 기어올라가 누웠다 일어서기를 반복하며 무언가 외치는 것은 숫자를 세는 것이었다. 당시의 마오리족 사람들은 추장의 키를 길이 단위로 삼았는데, 추장은 자신의 키를 이용해 선박의 길이를 재고 있었다. 추장의 키를 부족의 길이 기준으로 삼는 것은, 추장의 권위를 상징하는 것이었지만 항상 직접 나서서 측정해야 하는 것은 매우 고생스러운 일이었다. 추장은 비록 자신의 키가 길이의 기준이지만 자신의 키와 길이가 같은 나무 막대기로 대체할 수 있다는 것을 잘 몰랐나 보다.

사람의 어떤 신체 부위나 이동 거리를 길이 단위로 삼는 것은 많은 국가에서 행해지던 전통으로 예전에는 이렇게 어림잡아 측정해도 충분했지만, 물건을 교환하는 등의 상황에서는 길이 기준을 통일해야 한다.

전해지는 이야기에 따르면 8세기 말, 카롤루스 대제는 중대한 경제 분쟁을 해결해야 할 상황에 처했다. 그는 쌍방의 이야기를 들었는데, 문제의 관건은 통일된 '길이 기준'이 없다는 것임을 알게 되었다. 하지만 그는 바로 해결 방법을 생각해 내지 못했고 너무 지친 나머지 두 발을 쭉 뻗은 채로 정신을 잃게 되었다. 신하들은 왕의 뜻이 뻗은 발을 길이 기준으로 삼으라는 뜻인 줄 알고 급히 발을 눌러 길이를 재었다. 얼마 후 로마제국 궁정은 국왕의 발 길이를 1피트Feet라고 발표했다. 오늘날까지도 영어의 '피트'와 '발'은 같은 단어Foot의 의미로 쓰이고 있다.

10세기 초 잉글랜드 국왕 헨리 1세는 그의 팔을 앞으로 반듯하게 들 때 엄지손가락 끝에서 코끝까지의 길이를 1야드yard로 정했다. 또한 잉글랜드 국왕 에드거는 또 그의 엄지손가락의 한 마디 길이를 1인치inch로 정했다. 모든 국왕은 자신의 권위를 과시하려 길이를 규정하려고 하였으니 결국에는 길이 단위를 엉망진창으로 만든 결과가 되었다.

1야드 = 3피트

1피트 = 12인치

이는 십진법도 아니고 십이진법도 아니니 정말 이도 저도 아니다. 길이 단위 및 기타 단위가 통일되지 않으면 작게는 번거로움을 야기하고, 크게는 사회적 혼란을 일으킬 수 있다. 중국의 예를 들자면 고대부터 현재까지 길이 단위가 사실상 통일된 적이 없었다. 가짜 단위 '척尺'을 만들어 부당 이득을 챙기려는 지주와 상인들 때문이었다. 남북조 시대에도 각 지역의 도량형 단위 차이가 매우 컸다. [표 2-1]은 몇몇 지역의 척尺의 실제 길이를 보여주는데, 가장 긴 것은 가장 짧은 길이의 약 2배에 달한다. 혼란스러운 도량형 제도는 사회에 부정적인 영향을 미칠 수 있으므로 도량형제의 통일은 불가피했다고 생각된다.

지역	표준 척(尺)의 길이
복주	0.598
소주	0.728
상해	0.848
북경	0.994
성도	1.000
무석	1.162

[표 2-1]

신기한 측묘자

땅의 면적을 측정해야 할 때 일반적으로 먼저 미터자로 몇 개의 길이를 측량한 후에 면적 공식으로 계산한다. 미터자를 쓰기 때문에 산출되는 면적의 단위는 보통 제곱미터이다. 그러나 평소 농부들이 말하는 토지는 단위가 묘(마지기)이므로 제곱미터를 묘로 다시 나타내야 한다. 1묘는 약 666.7제곱미터와 같기 때문에 제곱미터를 묘로 나누거나 666.7의 역수 즉, 0.0015를 곱해야 한다. 비교적 간편한 방법은 '제곱미터 수에 자신의 반을 더하는 것'이다(즉, 이 값은 제곱미터 수에 1.5를 곱한 것과 같다). 그리고 소수점을 왼쪽으로 3자리 이동시킨다(이는 0.001을 곱하는 것과 같다). 이 두 단계를 합하면 0.0015를 곱한 것과 같다.

어떤 사람들에게 단위 환산은 여전히 적지 않은 어려움이 있다. 이 때문에 특수한 자를 설계하였는데, 계산이 거의 필요 없을 정도로 토지의 묘수를 쉽게 얻을 수 있다. [그림 2-4]와 같이 이 자의 앞면은 일반적인 미터의 눈금이며 뒷면은 비교적 특이하다. 어떻게 특이할까? 일반 미터자에는 1m를 새기는 곳에 1.5개의 단위를 새긴다(우리는 여기에서 잠시 따옴표가 있는 'm'로 표시한다). 2m를 새기는 곳에 3'm'를 새기고, 일반 미터자의 $\frac{2}{3}$m에 2'm'를 새기는 것은 어렵지 않게 계산할 수 있다.

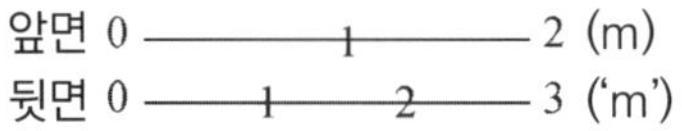

앞면 0 ——— 1 ——— 2 (m)
뒷면 0 — 1 — 2 — 3 ('m')

[그림 2-4]

m와 'm'의 환산 관계는

$$1\ \text{m} = 1.5\ \text{'m'}$$

$$1\ \text{'m'} = \frac{2}{3}\text{m}$$

이다. 현재 가로 60m, 세로 40m의 직사각형의 땅 면적을 측정하기 위해 특수 제작된 '측묘자'를 사용하려고 한다. 먼저 자의 앞면을 이용해 직사각형의 한쪽을 재는데 길이는 60m이다. 다시 자의 뒷면으로 직사각형의 다른 한쪽을 재는데 측정한 값은 40m가 아니라 60'm'이다. 그리고 이 두 값을 곱하면 60×60=3600이 된다. 마지막으로 소수점을 왼쪽으로 세 자리 이동시키면 직사각형 땅의 면적 3.6묘를 얻는다. 우리는 검산으로 이 결론이 정확하다는 것을 알 수 있다. 왜 그럴까? 원래 1m = 1.5 'm'을 이용한 것으로

$$60\text{m} \times 40\text{m}$$
$$= 60\text{m} \times 40 \times 1.5\text{'m'}$$
$$= 60\text{m} \times 60\text{'m'}$$

이기 때문이다. 또한 m 값과 'm' 값을 곱한 것은 m 값과 m 값을 곱한 수의 1.5배(이미 절반을 더했다)이다. 따라서 m 값과 'm' 값

의 곱(3600)에 왼쪽으로 3자리 옮기면 바로 측정한 묘수가 된다. 또 다른 한 가지는 묘를 재는 줄자를 활용하는 것이다. 이 원리를 설명하기 위해서 우리는 먼저 강의 단면적을 예로 들어 계산하는 방법을 알아볼 것이다.

[그림 2-5]와 같은 강의 단면적을 계산하기 위해서 줄로 A와 B 두 지점을 팽팽하게 연결해 그 길이를 잰다. 강의 폭 AB를 7m라고 가정하자. 그리고 A지점으로부터 1m, 2m,…인 곳을 재고 각각의 지점에서 강의 깊이를 h_1, h_2, h_3, …로 한다. 그러면 h_1, h_2, h_3, …의 값을 모두 더하면 강의 단면적이 된다. 왜 그럴까?

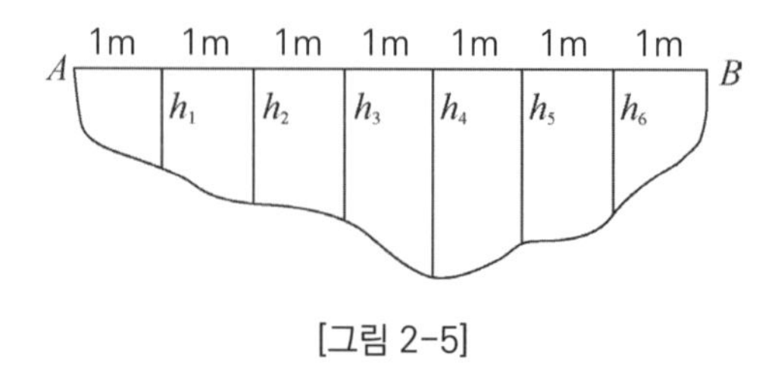

[그림 2-5]

강의 단면은 6개의 구분선에 의해 7개로 나뉘어 있는데, 그 중 가장 왼쪽과 오른쪽 각각은 직각삼각형으로 보고 나머지 부분은 모두 사다리꼴로 보고 계산한다. 왼쪽에서 오른쪽으로 7개 도형의 면적은 다음과 같다.

$$\frac{1}{2}\times h_1\times 1,\ \frac{1}{2}\times(h_1+h_2)\times 1,\ \frac{1}{2}\times(h_2+h_3)\times 1,\ \cdots,\ \frac{1}{2}\times h_6\times 1$$

따라서 강의 단면적은

$$S=\frac{1}{2}\times h_1\times 1+\frac{1}{2}\times(h_1+h_2)\times 1+\frac{1}{2}\times(h_2+h_3)\times 1+\cdots$$
$$+\frac{1}{2}(h_5+h_6)\times 1+\frac{1}{2}\times h_6\times 1$$
$$=(h_1+h_2+\cdots+h_6)\times 1$$
$$=h_1+h_2+\cdots+h_6$$

이것은 매우 편리한 방법으로 일반 도형의 면적에도 이 방법을 활용해 계산할 수 있다. [그림 2-6]과 같이 그 위치를 적절히 달리해 AB를 잴 수도 있다. A로부터 1m, 2m 떨어진 지점에서 땅의 너비를 h_1, h_2, h_3, …라고 하면 땅의 면적은

$$S=h_1+h_2+\cdots h_5$$

임이 분명하다.

위의 두 가지 예를 통해, 묘를 측정하는 줄자를 소개할 수 있다. 한 줄에 6자 간격(즉, 2m)을 두고 붉은색 매듭을 단 다음, 적당한 위치를 선택해 줄자를 팽팽하게 당기고 [그림 2-7]에 그려진 땅의 $\overline{AB}$에서 줄자를 팽팽하게 당긴다. 모든 붉은 선의 매듭 지점에서 땅의 너비를 재서 '자' 단위를 만든다. l_1과 l_2를 정하고 l_1과 l_2를 더한 다음, 소수점을 왼쪽으로 3자리 이동해 얻은 값이 바로 땅의 묘수 즉, 면적이다.

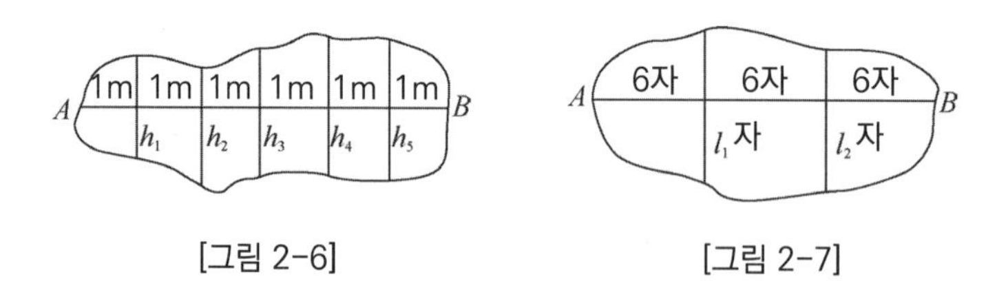

[그림 2-6]　　[그림 2-7]

예를 들어, l_1은 7.1(자), l_2는 8.3(자)라면 이 두 값의 합은 7.1+8.3=15.4(자)이다. 다시 소수점을 왼쪽으로 3자리 옮기면 이 땅의 면적은 0.0154(묘)이다. 그 이유는 강의 단면적 공식의 유도 과정에서 볼 수 있듯이 땅 면적은

$$S=(l_1+l_2)\times 6(\text{자의 제곱})$$

이지만 1(묘)는 6000(자의 제곱)와 같기 때문에

$$\begin{aligned} S &= (l_1+l_2)\times 6\div 6000 \\ &= (l_1+l_2)\div 1000(\text{묘}) \end{aligned}$$

이다. 땅의 너비 합에서 소수점을 왼쪽으로 3자리 이동하면 땅의 면적 값을 얻을 수 있다는 것을 알 수 있다. 줄자로 땅의 면적(묘)을 측정하는 것은 매우 편리하다.

면적 속이기

근대 초기 농촌에서는 토지 개혁 운동이 전개되었다. 초창기에는 상황을 정확히 파악하고 각 가구가 소유하고 있는 토지의 묘수를 파악하는 것이 목적이었는데 난감한 문제가 발생했다. 당시 중국 농촌의 논밭은 형상이 대부분 불규칙했다. 소작농은 지주의 불규칙한 사각지대를 세내어 경작했다. 한 소작농이 "지주가 이 땅을 4묘 8분이라고 말했는데, 이상한 것 같습니다."라고 말하자 작업 대원이 "왜 잘못됐어요?"라고 되물었다. "내 땅은 4묘 8분이고, 그 옆에 네모반듯한 것도 4묘 8분입니다. 우리 밭의 농작물이 옆집 것보다 잘 자랐는데 수확해 보니 생산량은 오히려 그 집 것만 못합니다."

설마 이 땅의 묘수에 무슨 문제라도 있단 말인가? 작업 대원은 다시 조사를 진행하기로 결정했다. 그리고 이러한 불규칙한 사각형의 토지를 측량할 때 지주는 두 쌍의 대변의 중점을 연결한 선분의 길이의 곱을 면적으로 삼는다는 것을 알게 되었다. 작업 대원은 기하와 대수를 배운 적은 있지만, 이러한 계산 공식을 들은 적은 없었다. 연구를 통해 이것은 사람을 속이기 위한 면적 공식으로 사각형의 진정한 면적은 두 쌍의 대변의 중점을 연결한 선분의 길이의 곱보다 작기 때문이었다. 농민들이 이를 이해하도록 하기 위해서 작업 대원들은 이 사실을 자르고 붙이는 방법을 이용하여 증명해 보였다.

사각형을 마주보는 변의 중점끼리 연결하면 [그림 2-8]과 같이 네 부분으로 나눌 수 있다. 이를 다시 조합하면 [그림 2-9]와 같이 볼 수 있다. 당연히 [그림 2-8]과 [그림 2-9]의 면적은 같다.

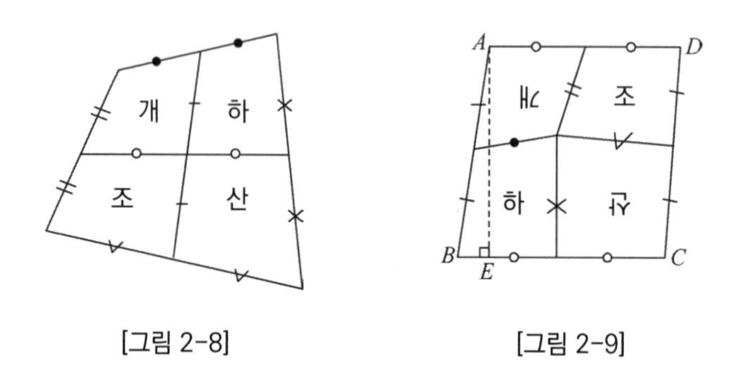

[그림 2-8] [그림 2-9]

[그림 2-8]에서 사각형의 각 변의 중점을 차례로 연결하면 평행사변형을 얻을 수 있다. 우리는 삼각형의 중선 정리로 이를 증명할 수 있다. 평행사변형의 대각선은 서로 다른 것을 이등분한다. [그림 2-8]에서 사각형의 두 대변의 중점을 연결한 선분은 서로 이등분함을 알 수 있다. [그림 2-9]에서 사각형의 위아래 한 쌍의 대변은 [그림 2-8]에서 두 변의 중점을 연결해 만든 수

평한 선분을 가져온 것으로 그 길이는 같다. 같은 이유로 사각형의 좌우의 한 쌍의 대변의 길이도 같다. 따라서 이 사각형은 평행사변형이다.

[그림 2-9]에서

$$S_{ABCD}=\overline{BC}\times\overline{AE}$$
$$<\overline{BC}\times\overline{CD}$$

이므로 직사각형이 아닌 평행사변형의 면적은 이웃하는 두 변의 곱보다 작다. 그러나 지주는 [그림 2-9]와 같은 평행사변형의 면적을 이웃하는 두 변의 곱으로 삼아 계산했기 때문에 계산 결과는 그것의 실제 면적보다 컸던 것이다. 물론 [그림 2-8]의 불규칙한 사각형의 실제 면적보다도 크다. 작업 대원이 이 비밀을 풀었을 때, 몇몇 빈농들은 "지주들이 우리가 무식해서 업신여기는 것이 분명해!"라며 분노를 억누르지 못했다.

조사에 따르면, 당시 북방 지주는 대부분 이 방법을 채택해 불규칙한 사각형 토지의 면적을 계산했는데, 남방 지주는 사각형의 두 쌍의 대변의 평균적인 곱을 토지의 면적으로 삼았다. 이렇게 계산한 면적은 실제보다 훨씬 더 크다. 남방 지주가 북방 지주보다 수법이 더 나쁘다. 이를 같이 증명해 보자.

[그림 2-8]의 사각형 오른쪽에 같은 사각형을 뒤집어 맞추면 [그림 2-10]과 같다.

따라서 $\overline{AB} \parallel \overline{CD}$, $\overline{AB} = \overline{CD}$, $\overline{AC} \parallel \overline{EF}$, $\overline{AC} = \overline{EF}$임을 알 수 있다. 삼각형의 두 변의 길이 합은 나머지 한 변의 길이보다 크기 때문에 $\overline{AC} + \overline{GC} > \overline{EF}$ 즉,

$$\frac{1}{2}(\overline{AG} + \overline{GC}) > \overline{EO}$$
$$\frac{1}{2}(\overline{AG} + \overline{BH}) > \overline{EO}$$

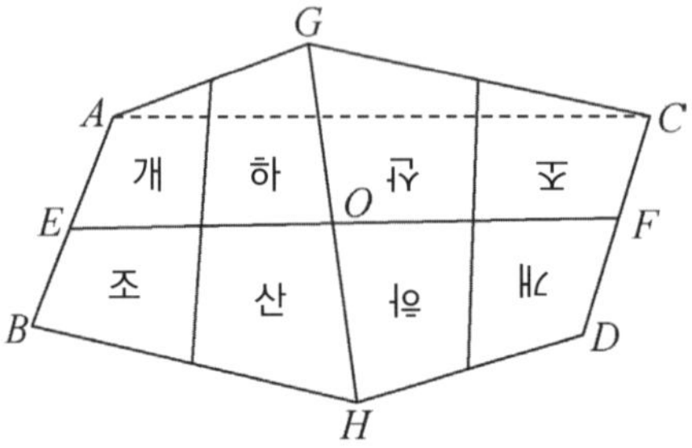

[그림 2-10]

이다. 이는 사각형 한 쌍의 대변의 길이의 평균이 다른 한 쌍의 대변의 중점을 연결한 선분의 길이보다 크다는 것을 의미한다. 따라서 두 쌍의 대변의 길이의 평균의 곱은 두 쌍의 중점을 연결한 선분 길이의 곱보다 크다. 즉, 남방 지주의 계산 결과가 북방 지주의 계산 결과보다 더 크다는 것이다.

소점법

영어에서 12개월의 이름 January, February 등은 각각의 내력이 있지만, 일정한 규칙은 없어 보인다. 어떤 달에는 신의 이름을, 어떤 달에는 임금의 이름을 붙이기도 한다. 예를 들어 고대 로마의 카이사르 대제가 7월에 태어났는데 그가 죽은 뒤 7월에는 그의 이름인 July를, 8월에는 또 다른 황제 아우구스투스의 이름을 따서 August를 붙였다.

그런데 차라리 영어의 12개월 이름을 바꿔 1월에 Monthone, 2월에 Monthtwo…라고 부르는 게 낫다는 기상천외한 아이디어를 낸 수학자도 있다. 그의 생각대로 바꾼다면 이해도 쉽고 기억하기도 쉬울 것 같다. 이는 수학공부에서도 마찬가지라는 생각이 든다.

여러분 중에는 아마도 중학교의 평면 기하에 난이도가 있다는 것을 경험한 적이 있을 것이다. 적지 않은 학생들이 이 단원에서 수학에 대해 두려움을 느낀 것이 사실이다. 물론 남다른 흥미를 느끼는 사람도 있을 것이다. 많은 우수한 교사들이 적지 않은 문제의 증명 방법을 총정리했으나, 만능적인 방법은 하나도 없었다. 컴퓨터의 발전에 따라 컴퓨터가 대신해 기하 문제를 증명해 줄 수 있을까?

이는 이미 꿈이 아니고 실현된 사실이다. 평면 기하 증명의 알고리즘을 이미 연구한 수학자가 있었는데 그는 컴퓨터를 이용해 몇 가지 문제를 증명했다. 특히 어떤 경우는 특별한 컴퓨터 프로그래밍 지식 없이 보통 사람들도 알아 볼 수 있도록 하였는데 그렇다면 컴퓨터는 어떻게 기하문제를 증명할까? 프로그램 지식 외에 기하 자체에 관련되는 전략은 또 무엇일까?

여기서 알려주는 방법은 '소점법消點法'으로 사고방식은 이해하기 쉬우나, 예비지식이 좀 있어야 한다. 소점법의 기초는 면적법이고, 아래는 면적법의 관련 정리이다.

첫 번째는 두 삼각형의 높이가 같다면, 이 두 삼각형 면적의 비는 밑변의 비와 같다. 이 이치는 매우 명확한 것으로 삼각형 면적의 공식은 밑변 곱하기 높이를 2로 나눈 것이기 때문에, 높이가 같다면 면적의 비는 당연히 밑변의 비가 되는 것이다. [그림 2-11]과 같이, 만약 점 M이 직선 AB 위에 있고 점 P가 직선 AB 밖의 점이라면,

$$\frac{S_{\triangle PAM}}{S_{\triangle PBM}} = \frac{\overline{AM}}{\overline{BM}}$$ 이다.

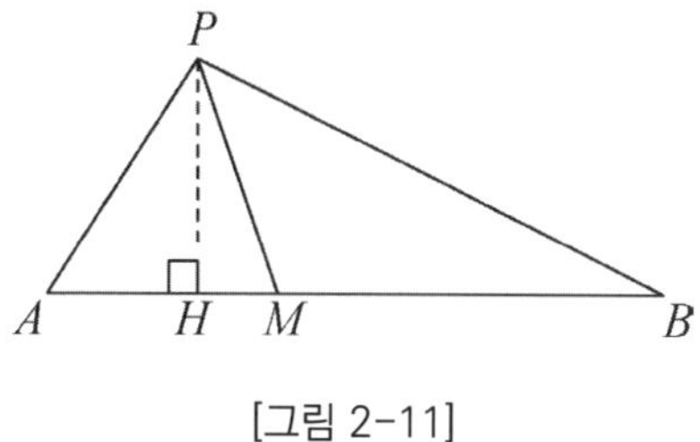

[그림 2-11]

두 번째는 두 삼각형의 밑변의 길이가 같다면,

(1) 두 삼각형의 면적의 비는 높이비와 같다.

(2) 두 삼각형의 또 다른 꼭짓점을 연결한 선분 AB(또는 그것의 연장선)와 밑변의 교점이 M이면, 두 삼각형의 면적의 비는 $\overline{AM}:\overline{BM}$과 같다.

[그림 2-12]와 같이 두 직선 AB와 PQ의 교점이 M이면 $\frac{S_{\triangle QPA}}{S_{\triangle QPB}}=\frac{\overline{AM}}{\overline{BM}}$이다.

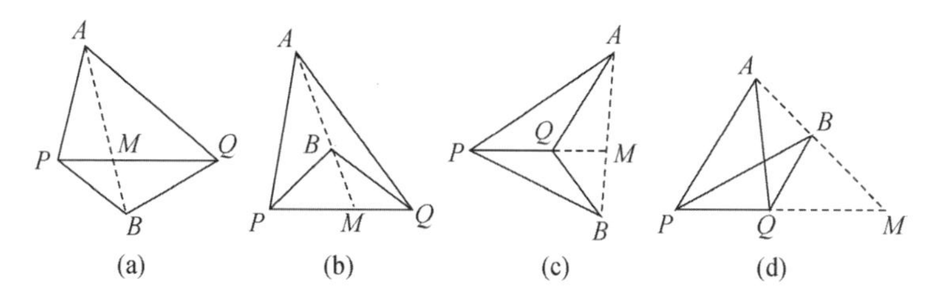

[그림 2-12]

(1)은 자명하다. (2)의 증명에서 점 A, B를 지나는 직선 PQ의 수직선을 그어 닮은 삼각형의 성질을 이용하면, $\overline{AM}:\overline{BM}$은 두 삼각형의 높이 비라는 것을 증명할 수 있다. 따라서 (2)도 간단히 확인하였다. 여기에는 어떤 심오한 지식도 필요 없다.

다음으로 어떻게 위 두 개의 정리로 기하 문제를 증명하는지 볼 것이다. 이는 바로 소점법을 이용한 증명이다.

(예) [그림 2-13]과 같이 주어진 $\triangle ABC$에서 $\overline{AD}:\overline{DC}=1:2$, $\overline{BE}:\overline{EC}=3:2$일 때, $\overline{DF}:\overline{FB}$를 구하시오.

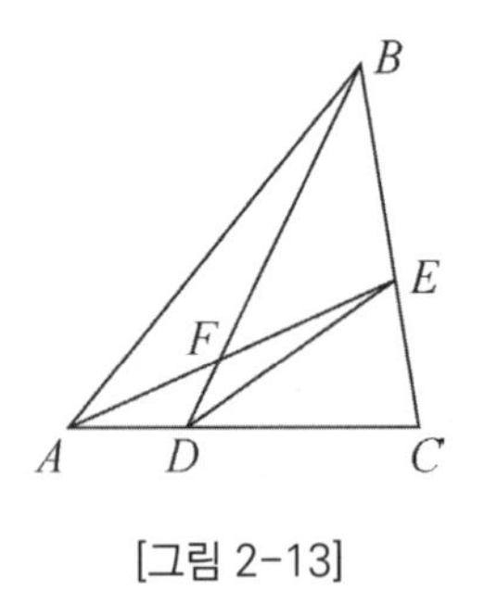

[그림 2-13]

분석 : 그림 속의 6개의 점을 3개의 조로 나눈다. 첫 번째 조는 점 A, B, C로 우리는 이 조합을 '자유점'이라고 부르는데, 이 점들은 다른 조건의 구속을 받지 않는다(전제 조건은 점 A, B, C는 공통변을 가지지 않는다).

두 번째 조는 점 D, E로 이 두 개의 점은 첫 번째 조의 점에 의해 결정된다. 즉, A와 C 두 점이 있어야 점 D를 만들 수 있다($\overline{AD}:\overline{DC}=1:2$이므로 점 D는 $\overline{AC}$를 $1:2$로 내분하는 점이다). 마찬가지로 B와 C 두 점이 있어 점 E를 만들 수 있다.

세 번째 조는 점 F로 $\overline{AE}$와 $\overline{BD}$가 있어야 점 F를 만들 수 있다. 즉, 이는 앞의 5개의 점이 있어야 F가 있다는 것이다. 우리는 첫 번째 조를 자유점이라고 부르고, 두 번째 조를 구속점이라고 하는데, 이는 자유점의 구속을 거쳐서 생겨난다는 것이다. 또 자유점 A, B, C를 거쳐 구속점 D, E(구속의 등급이 높음)가 먼저 생기고 이후 구속점 F(구속의 등급이 낮음)가 생긴다는 선후 관계도 있다.

이런 점 사이의 제약 관계는 문제를 푸는 데 아주 중요하다. 구속점 D, E는 자유점 A, B, C로 확정되므로 자유점 A, B, C 사이의 수량관계로 표시할 수 있다. 마찬가지로 구속점 F는 자유점 A, B, C와 구속점 D, E의 수량관계로 표시된다.

문제를 푸는 방법은 다음과 같다.

1단계 : $\triangle AED$와 $\triangle AEB$는 공통의 밑변을 가지고 있기 때문에 위 (2)의 성질에 따라, $\dfrac{\overline{DF}}{\overline{FB}}=\dfrac{S_{\triangle ADE}}{S_{\triangle AEB}}$이 성립한다. 등식의 우변에 점 F가 없다. 즉, F는 소멸되었다.

2단계 : 위의 식을 변환한다. 우변의 분자와 분모에 $S_{\triangle AEC}$를 각각 곱하면 두 개의 분수의 곱으로 나타난다.

$$\frac{S_{\triangle ADE}}{S_{\triangle AEB}}=\frac{S_{\triangle ADE}}{S_{\triangle AEC}}\cdot\frac{S_{\triangle AEC}}{S_{\triangle AEB}}$$

우변의 첫 번째 분수식은 두 삼각형 $\triangle AED$와 $\triangle AEC$의 높이가 같으므로 이 두 삼각형의 면적의 비는 밑변의 비와 같다. 즉, $\overline{AD}:\overline{AC}=1:3$이다. 여기서 점 E가 소멸되었다. 같은 이유로, 두 번째 분수식에서 $\overline{EC}:\overline{BE}=1:3$이다. 따라서

$$\frac{\overline{DF}}{\overline{FB}}=\frac{S_{\triangle ADE}}{S_{\triangle AEB}}=\frac{S_{\triangle ADE}}{S_{\triangle AEC}}\cdot\frac{S_{\triangle AEC}}{S_{\triangle AEB}}=\frac{\overline{AD}}{\overline{AC}}\cdot\frac{\overline{EC}}{\overline{BE}}=\frac{1}{3}\cdot\frac{2}{3}=\frac{2}{9}$$

이다.

어려운 문제의 증명이 드디어 끝났다! 보조선을 더 긋지도 않고 어떤 고급 정리도 쓰지 않았다. 이 증명에서 구속점은 자유점의 관계로 표시되어 없어질 수 있다. 마찬가지로 등급이 낮은 구속점은 등급이 높은 구속점과 자유점으로 표시되어 없앨 수 있다. 결국 얻은 것은 자유점에 관한 관계식이며, 이때 이 문제는 증명된다. 이 기하학적 증명은 바로 알고리즘화이다.

노모그램

엔지니어는 설계 중에 복잡한 데이터를 처리해야 하는 상황에 종종 놓이게 되는데 대부분 많은 시간을 들여야 해결된다.

19세기 말 프랑스 수학자 M. 도카뉴는 도형과 수치 사이의 상관관계를 깊이 연구해 연산 대신 도형을 활용하는 관점을 제시했다. 그는 이런 도형을 '노모그램Nomogram'('계산도표'라고도 함)이라고 부르며, 직접 첫 번째 노모그램을 만들었다. 노모그램으로 관련 데이터를 계산할 때, 그림을 몇 번 그리기만 하면 결과를 얻을 수 있기 때문에, 노모그램이 나오자마자 엔지니어들의 열렬한 환영을 받았다. 이후에 세계 각국은 모두 각종 『전자노모그램』, 『선박설계전용노모그램』 등 노모그램과 관련된 책들을 출간했다.

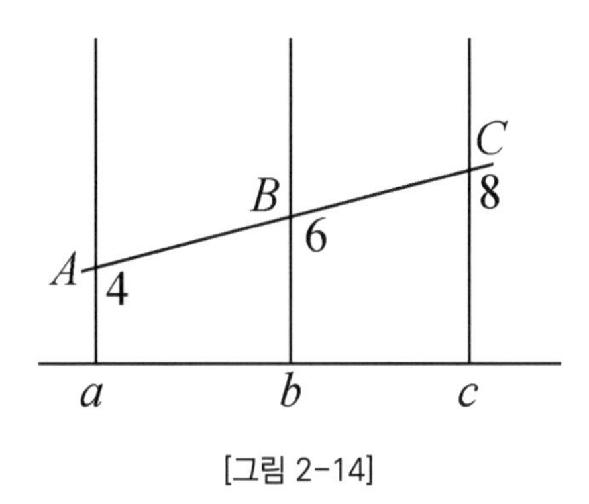

[그림 2-14]

가장 단순한 노모그램은 평균을 구하는 노모그램이다. [그림 2-14]에 3개의 평행선이 있는데 그 간격이 같고, 평행선 위의 눈금은 모두 동일한 간격으로 표시되어 있다. 만약 4와 8의 산술 평균을 구해야 한다면, a 선에서 눈금 4(점 A)를 찾고, c 선에서 눈금 8(점 C)을 찾아서 자로 A, C 두 점을 연결한다. 만약 이 자와 b 선의 교점을 B라고 가정한다면, B 선의 눈금은 4와 8의 산술 평균 6이 된다. 이 원리는 사다리꼴의 중선 정리만 알면 그 의미를 알 수 있다.

b 선의 눈금을 '1을 2로', '2를 4'로 변경한다면 분명히 눈금 6의 지점은 12로 바뀐다. 즉, 새로운 노모그램은 두 수의 합을 구하는 노모그램이 된다.

물리학에서, 전기저항의 총 저항값을 계산하고 연결하는 공식은 다음과 같다.

$$\frac{1}{R} = \frac{1}{R_1} + \frac{1}{R_2}$$

만약 R, R_1, R_2 중 두 개의 저항이 주어지면, 다른 하나의 미지의 저항은 분수 방정식을 풀어 구할 수 있다.

총 저항 R을 계산하는 데 도움을 주는 노모그램[그림 2-15]는 0점을 시점으로 하는 세 개의 사선 a, b, c로 이루어져 있으며, 그중 a와 b, b와 c는 모두 60°를 이루며 각각의 사선에 동일한 눈금이 표시된다. 사선 a에서 R_1에 대응하는 점 A를 찾고, 사선 c에서 R_2에 대응하는 점 C를 찾아 AC를 자로 연결하면, 자와 사선 b의 교점 B에서 읽히는 점이 바로 R의 값이다. [그림 2-15]와 같이 $R_1=75$, $R_2=50$이면 $R=30$으로 표시된다.

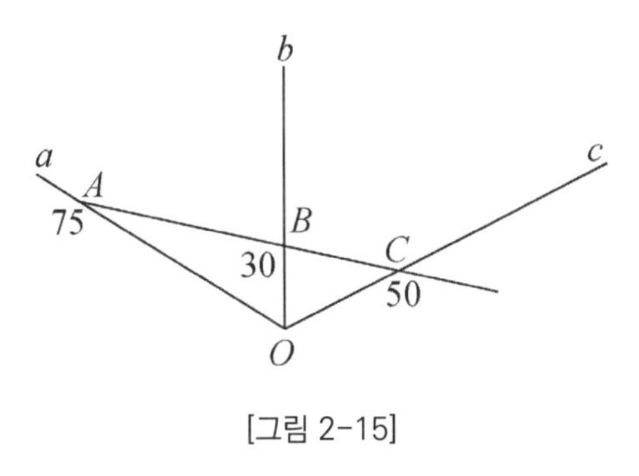

[그림 2-15]

만약 R, R_1(또는 R_2)이 주어진다면 같은 방법으로 R_2(또는 R_1)을 구할 수 있다.

노모그램은 광학에서도 유용하다. 물체, 상, 초점의 렌즈까지의 거리로 다음과 같은 관계식이 성립한다.

$$\frac{1}{h}=\frac{1}{f}+\frac{1}{g}$$

이 식은 저항 공식과 완전히 같기 때문에 위의 노모그램으로 계산을 할 수 있다. 다음과 같은 응용문제를 예로 들어보자.

A 파이프 하나로 물탱크의 물을 다 채우는 데 75분이 걸리고, B 파이프 하나로는 50분이 걸린다. 그렇다면 두 파이프를 동시에 열었을 때, 물탱크에 물을 다 채우려면 얼마의 시간이 필요할까? A 파이프를 하나만 열면 75분에 물을 다 채우므로 1분에 물탱크의 $\frac{1}{75}$을 채운다. 또한 B 파이프를 하나만 열면 50분에 물을 다 채우므로 1분에 물탱크의 $\frac{1}{50}$을 채운다. 두 파이프를 동시에 열면 1분에 물탱크의 $\frac{1}{75}+\frac{1}{50}$을 채운다. 두 파이프를 동시에 열었을 때 물탱크에 물을 다 채우는 시간을 x분이라고 하면, 1분에 물탱크에 채우는 물의 양은 $\frac{1}{x}$이다.

$$\frac{1}{x}=\frac{1}{75}+\frac{1}{50}$$

여러분은 평면 기하 지식을 이용해 이 노모그램의 정확성을 스스로 증명할 수 있다.

둘을 하나로!

종이 한 장, 천 한 장을 잘라 두 개로 만드는 것은 쉬운 일이지만, 만약 반대의 상황이라면 때로는 어려울 수 있다. 예를 들어, 정사각형 모양의 두 장의 천이 있다고 하자. 하나는 한 변이 124cm이고 또 다른 하나는 한 변이 68cm이다. 이 두 장의 천을 어떻게 하면 하나의 큰 정사각형으로 만들 수 있을까?

어떤 사람들은 작은 정사각형을 동일한 4개의 긴 막대모양으로 잘라 다른 정사각형의 둘레로 두르면 큰 정사각형을 얻을 수 있다고 생각할 것이다. 사고 실험을 통해 우리는 4개의 긴 막대를 또 다른 정사각형의 둘레에 둘러 만들어진 도형은 정사각형이 아니라는 것을 알 수 있다. 이제 방법을 개선해 그림으로 표시하는 방법으로 맞춰보려고 한다.

[그림 2-16]처럼 두 개의 정사각형을 나란히 붙여놓고, ABC를 차례대로 연결한 선을 따라 자르고, 다시 맞추면 [그림 2-17]과 같은 큰 정사각형을 얻을 수 있다.

실제로 이런 방법은 면적의 계산을 거쳐 얻어지는 것이다.

두 정사각형의 총면적이

$$124^2+68^2$$
$$=15376+4624$$
$$=20000$$

이므로 다시 맞춰진 정사각형의 한 변의 길이는 $\sqrt{20000}$ $=100\sqrt{2}$(cm)이다. 이 길이로 꼭 맞게 맞추려면 한 변이 124cm인 정사각형에 한 변이 100cm인 정사각형을 합치기만 하면 된다. 왜냐하면, 한 변이 100cm인 정사각형의 대각선의 길이는 바로 $100\sqrt{2}$이기 때문이다. 따라서 바로 $\overline{AB'}$를 그릴 수 있고 이것의 길이는 $100\sqrt{2}$이다.

그런 다음 A를 중심, $\overline{AB'}$의 길이를 반지름으로 하는 호를 그려 정사각형과 만나는 점을 B라고 한 다음, $\overline{AB}$, $\overline{BC}$를 연결하고 A, B, C를 연결된 선을 따라 자른다[그림 2-16]. 다시 [그림 2-17]처럼 조각을 맞추면 두 정사각형이 하나의 큰 정사각형이 됨을 확인할 수 있다.

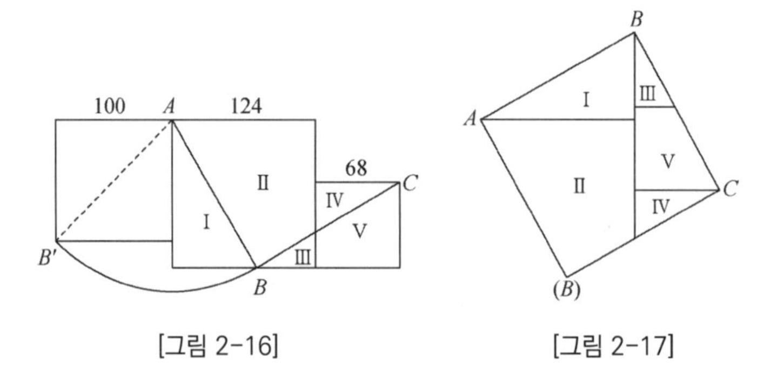

[그림 2-16] [그림 2-17]

하지만 이 방법은 그리 쉽지 않다. 피타고라스 정리를 빌리면, 계산을 피할 수 있을 뿐만 아니라, 임의의 크기의 두 개의 천을 합친 것을 잘라낼 수 있다. [그림 2-18]과 같이 잘라 맞추기만 하면 된다.

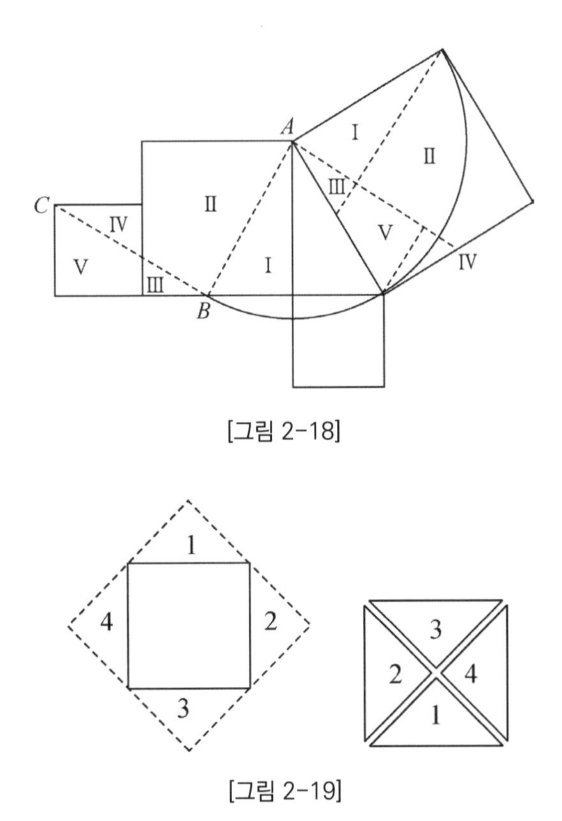

[그림 2-18]

[그림 2-19]

물론, 때로는 같은 크기의 정사각형을 마주할 때도 있겠지만 그것을 하나로 합쳐 큰 정사각형으로 만드는 것은 더욱 간단하다. 정사각형의 대각선을 따라 네 조각으로 자르고 또 다른 정사각형에 맞추기만 하면 큰 정사각형이 된다[그림 2-19].

지금까지 어떻게 같은 크기의 정사각형 두 개를 하나의 큰 정사각형으로 만들 수 있는지 알아보았다. 이어 3개, 4개, 5개,…의 정사각형을 하나의 큰 정사각형으로 맞추는 방법을 연구해 보자.

4개의 정사각형을 하나의 큰 정사각형으로 맞추는 것은 아주 쉽다(각자 생각해 보길 바란다). 5개의 정사각형을 하나의 큰 정사각형으로 맞추면 [그림 2-20]과 같이 만들 수 있다.

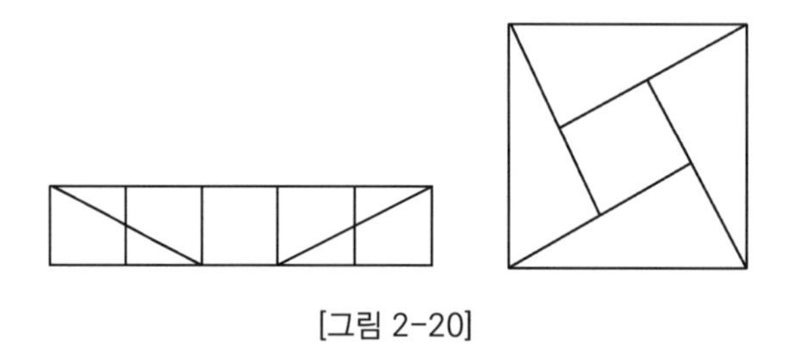

[그림 2-20]

가장 어려운 것은 3개의 정사각형을 하나의 큰 정사각형으로 결합하는 것으로 이것은 고대부터 전해지는 어려운 문제이다. [그림 2-21]을 보자.

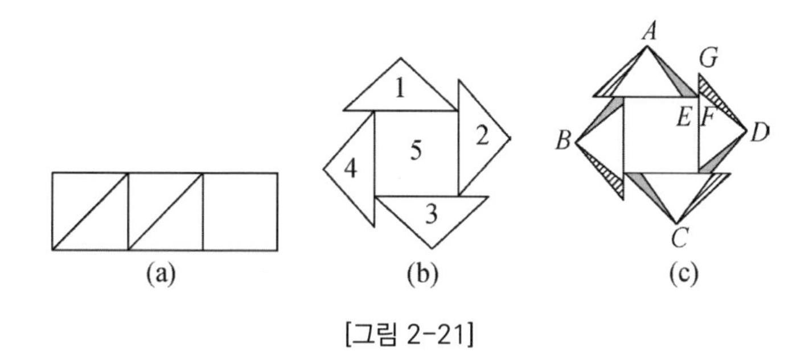

[그림 2-21]

이 방법은 페르시아 수학자 아불 와파Abul Wefa가 처음 고안했다. 우선 두 개의 작은 정사각형을 대각선으로 잘라낸 후[그림 2-21] (a), 얻은 네 개의 직각삼각형을 다른 정사각형의 둘레에 붙여 만든 도형은 마치 아이의 장난감 종이 풍차 같다[그림 2-21] (b). 그런데 어디가 큰 정사각형과 같을까. 와파가 [그림 2-21] (c)와 같이 자르고 채워서 $\overline{AB}$, $\overline{BC}$, $\overline{CD}$, $\overline{DA}$를 연결한 큰 정사각형을 만들었다. 정사각형 밖의 부분을 잘라내면 마침 정사각형 안에 딱 맞게 보충할 수 있는 것이다.

이 발상은 기발하기는 하지만 아쉽게도 분할한 덩어리가 9개로 좀 많다. 이에 20세기 초 영국 수학자 헨리 듀드니가 새로운 방법을 제시했다. 먼저 세 개의 정사각형을 나란히 하고, [그림 2-22] (a)에서 A점을 중심으로 하여 $\overline{AD}$의 길이를 반경으로 호를 그려 $\overline{CG}$의 연장선과 호가 만나는 지점을 B라고 한다. $\overline{DE}=\overline{FG}=\overline{BC}$가 되도록 $\overline{DC}$ 위에 $\overline{DE}$를 자르고, $\overline{GH}$ 위에 $\overline{FG}$

를 자른다. $\overline{HE}$를 연결하고 $\overline{FJ}\perp\overline{HG}$인 점 J를 표시한다. 이렇게 해 도형 전체가 여섯 조각[그림 2-22] (a)로 나뉘어 다시 합쳐지면 큰 정사각형[그림 2-22] (b)를 얻을 수 있다.

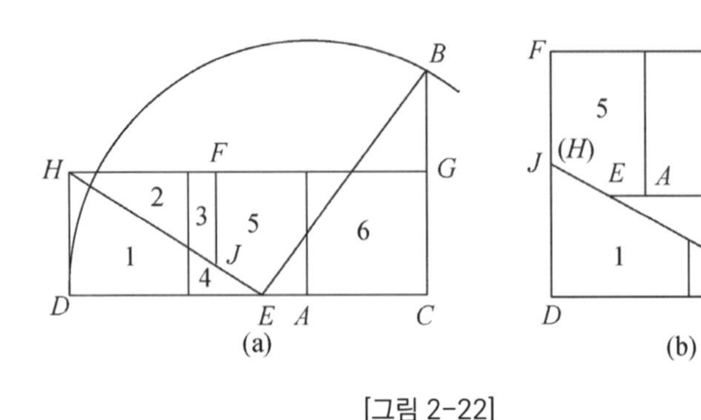

[그림 2-22]

이 방법의 이유는 어렵지 않게 설명할 수 있다.

우선 $\triangle ABC$에서 $\overline{AC}=1$, $\overline{AB}=\overline{AD}=2$이므로 $\overline{BC}=\sqrt{3}$ 이다. 이 값은 마침 정사각형의 한 변의 길이이다. 따라서 $\overline{DE}$, $\overline{FG}$는 정사각형의 한 변이 된다.

왜 $\overline{FJ}$와 $\overline{HD}$를 합치면 정확히 $\sqrt{3}$ 에 맞아떨어질까?

그 이유는,

$\triangle HFJ \backsim \triangle DHE$이므로

$\overline{FJ} : \overline{DH} = \overline{HF} : \overline{DE}$ 즉,

$\overline{FJ} : 1 = (3-\sqrt{3}) : \sqrt{3}$

$\overline{FJ} = \sqrt{3}-1$이다. 따라서

$\overline{FJ}$와 $\overline{HD}$은 $\sqrt{3}$ 이다.

19세기 헝가리의 수학자인 야노스 보여이Janos Bolyai는 같은 면적의 두 다각형은 분할과 결합을 통해 그 다각형이 반드시 다른 다각형으로 변형될 수 있다고 설명했다. 이것은 평면상의 상황으로 그렇다는 것이다. 그렇다면 입체적인 상황은 또 어떨까?

1900년 독일의 대수학자 힐베르트가 23개의 수학문제를 제기해 20세기 내내 수학자들은 머리를 싸맸다. 그중 세 번째 문제가 바로 밑면과 높이가 같은 두 사면체와 부피가 같도록 유한개의 작은 사면체로 분해할 수 없다는 것이다.

1901년, 힐베르트 학생이었던 수학자 덴M. Dehn은 이러한 두 사면체가 실제로 존재한다는 것을 증명함으로써 힐베르트가 제기한 세 번째 문제를 해결했다. 이는 첫 번째로 해결된 힐베르트 문제이다.

다이아몬드와 정사각형

19세기 영국왕립학회 회원 데이비드 박사는 그의 조수와 함께 실험을 하고 있었다. 볼록렌즈를 사용해 옷에 구멍을 내기도 하고 나무토막을 태우기도 했다. 그러다 데이비드 부인의 다이아몬드 반지를 보고 호기심이 발동해 실험을 하다가 다이아몬드가 그만 재가 돼버렸다. 데이비드의 부인은 매우 화를 냈지만 데이비드와 조수는 오히려 내심 무척 기뻤다. 이는 금강석(다이아몬드)이 숯과 같은 탄소족 원소라는 것이 증명되었기 때문이다. 데이비드의 조수가 바로 훗날 세계 최고의 물리학자가 된 '패러데이'이다.

찬란한 금강석은 귀중한 장식품일 뿐만 아니라 매우 견고하기 때문에 경제적 가치도 높다. 금강석의 가치는 중량의 제곱과 정비례한다. 만약 금강석이 산산조각이 나서 모든 부스러기를 모은다면 전체 중량은 조금도 줄지 않겠지만 그것의 가치는 크게 떨어질 것이다. 그렇다면 금강석 하나가 두 조각이 된 것과 비교해 어떤 경우에 손실이 더 클까? 이 문제는 정사각형의 성질을 이용해 확인할 수 있다.

여러분 중에는 이 문제가 '대수문제'처럼 보이는데 어째서 정사각형으로 문제를 해결할 수 있느냐고 의문을 제기할 수도 있다. 그렇다. 사물 간의 관계가 좀 이상하고, 보기에 전혀 관계없어 보이는 일도 가끔은 밀접한 관계가 있기 마련이다.

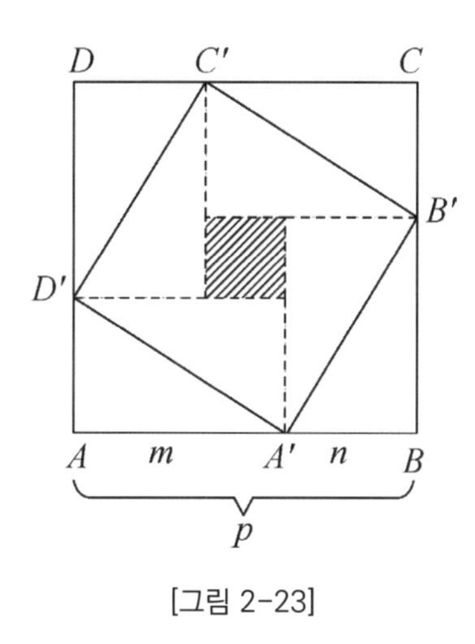

[그림 2-23]

원래 금강석 전체 무게를 p캐럿이라고 가정하면, 그것의 가치는 p^2의 배수가 되어야 한다. 편의를 위해서 우리는 그것의 가치를 p^2라고 생각하자. 한 변의 길이가 p인 정사각형 $ABCD$를 그리면 면적 p^2이 바로 이 금강석의 가치를 나타낸다[그림 2-23].

금강석이 m, n캐럿의 두 조각으로 부서졌다고 가정하면 선분 $\overline{AA'}$와 $\overline{A'B}$이 각각 m과 n을 나타낸다. 정사각형 모서리를 $\overline{BB'}=\overline{CC'}=\overline{DD'}=\overline{AA'}$가 되도록 표시하면 $A'B'C'D'$도 정사각형임을 쉽게 알 수 있다. 게다가 피타고라스 정리로 정사각형 $A'B'C'D'$의 면적은,

$$m^2+n^2$$ 이다.

이는 마침 조각난 두 금강석의 총 가치를 표시한다. 네 개의 직각삼각형 $\triangle A'BB'$, $\triangle B'CC'$, $\triangle C'DD'$, $\triangle D'AA'$의 총면적은 손실된 가치이다. 정사각형 $A'B'C'D'$의 면적은 항상 정사각형 $ABCD$의 면적보다 작기 때문에 금강석이 두 조각으로 쪼개진 후의 가치는 기존보다 작아진다. 하지만 작은 정사각형 면적은 원래의 정사각형 면적의 절반보다 크기 때문에 금강석이 두 조각으로 부서지면 손실된 가치는 절반에 못 미친다. 이것은 다음과 같이 증명할 수 있다.

[그림 2-23]의 작은 정사각형 $A'B'C'D'$에서 네 개의 직각삼각형 $\triangle A'BB'$, $\triangle B'CC'$, $\triangle C'DD'$, $\triangle D'AA'$을 잘라내었다. 작은 정사각형 $A'B'C'D'$(깨진 금강석 두 개의 가치)에서 네 개의 직각삼각형(손실된 가치)을 뺀 후에도 여전히 더 작은 정사각형(빗금친 부분)이 남아있는 것은 일반적으로 두 조각으로 깨진 금강석의 가치가 원래의 절반을 초과한다는 것을 의미한다. 다만 원래의 금강석이 동일한 두 조각으로 깨졌을 때 두 금강석의 총 가치가 가장 작아 원래의 절반만 남게 되는데, 이때 작은 정사각형 $A'B'C'D'$의 면적은 네 개의 직각삼각형의 면적과 같다[그림 2-24]. 다시 말해, 이 경우 가장 큰 손실을 입게 되는데 손실된 가치는 원래 가치의 절반이다.

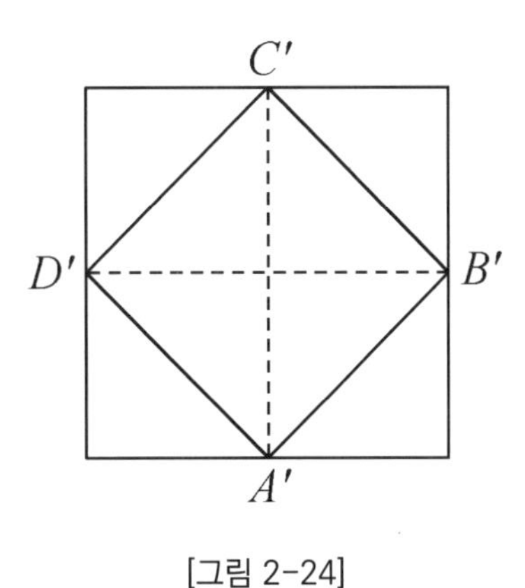

[그림 2-24]

최고의 직사각형

최고의 배우, 최고의 모델, 최고의 도서, 최고의 디자인을 선정하는 것을 본 적은 있지만 '최고의 사각형'이라는 말은 들어본 적이 없을 것이다. '최고의 직사각형'을 선정하는 이유는 무엇일까?

100여 년 전 독일의 심리학자 페흐너Gustav Fechner는 다양한 직사각형을 전시한 후, 관람객들에게 '최고의 직사각형'을 선정하도록 했다. 529명의 투표 결과, 가로와 세로의 길이가 각각 8×5, 13×8, 21×13, 34×21인 4개의 직사각형이 선정되었다. 이 직사각형들의 공통점은 변의 길이비가 모두 황금비에 가깝다는 것이다.

황금비, 황금분할, 황금분할점… 이러한 일련의 아름다운 명칭은 2000여 년 전 고대 그리스 수학자 에우독소스가 제기한 것으로, 후에 유럽 르네상스 시대의 예술 거장 레오나르도 다빈치의 인정과 보급에 의해 정식으로 이렇게 불리게 되었다. 그렇다면 이 명칭들은 무슨 뜻일까?

$\overline{AB}$를 $\overline{AC}$와 $\overline{BC}$의 두 부분으로 나눈다. 이때, 그중 비교적 긴

선분 $\overline{AC}$와 비교적 짧은 선분 $\overline{BC}$는 다음과 같은 관계식이 성립해야 한다.

$$\overline{BC} : \overline{AC} = \overline{AC} : \overline{AB}$$

$$\overline{AC}^2 = \overline{AB} \times \overline{BC}$$

이를 $\overline{AB}$의 '황금 분할'이라 하고 이때, 점 C는 선분 $\overline{AB}$의 황금분할점이다. 만약 $\overline{AB}$의 길이를 1, $\overline{AC}=x$라고 하면,

$$x^2=1\times(1-x)$$

$$x^2+x-1=0$$

$$x(\text{즉}, \overline{AC})=\frac{\sqrt{5}-1}{2}\fallingdotseq 0.618 =\frac{\sqrt{5}-1}{2}\fallingdotseq 0.618\fallingdotseq 0.618$$

$\frac{\sqrt{5}-1}{2}$을 황금분할수라고 하며, 분할된 두 선분의 비 $\overline{BC}$: $\overline{AC} = \overline{AC} : \overline{AB} \fallingdotseq 0.618$, 이를 황금비라고 한다[그림 2-25].

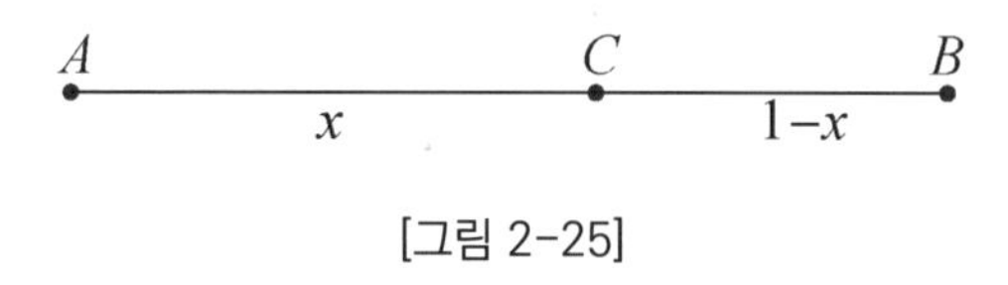

[그림 2-25]

미학자의 연구에 따르면 사람들은 황금비를 가진 직사각형을 가장 아름답다고 여기며, 정사각형은 딱딱한 느낌을 주기 때문에 미술 작품에서 정사각형이 나타나는 것을 피한다. TV에서 프로그램 사회자를 본 적이 있을 것이다. 그들은 항상 무대의

중간에서 좌측(혹은 우측)으로 약간 치우친 곳에 서 있고, 반드시 무대의 중앙에 서 있지 않을 것이다. 이 '중간편좌(혹은 편우)'가 황금분할점이다. 사진촬영도 그렇고, 일부 사진과 그림에서 주요 인물 및 창작자가 주의를 기울이고 싶어하는 풍경도 종종 황금분할점에 배치된다. 많은 일상의 사물들 옷장, 책상, 창문, 방 등 황금분할에 가까운 직사각형으로 설계되어 있다.

고대 그리스의 미학자들은 오래전부터 어떤 사람이 가장 표준적이고 아름다운지를 알고 싶어했다. 이런 사람의 신체는 반드시 몇 가지 조건을 충족해야 한다. 즉, 배꼽은 키의 황금분할점, 유두는 상반신의 황금분할점, 무릎은 하반신의 황금분할점에 위치해야 한다고 여겼다. 예술가가 만든 비너스 조각상, 아테나 여신상은 미의 화신으로 여겨지며 하체와 키의 비가 모두 0.618에 육박한다. 그러나 자연은 인간에게 황금비를 갖춘 완벽한 신체를 주지 않았다. 아무리 아름다운 체구의 발레리나라고 해도 평균 하반신 대비 신장의 비율은 0.58:1에 불과하다고 한다. 발레를 할 때 배우들이 항상 발끝을 세우는 것도 신체의 '부족함'을 보완하기 위한 것으로 더욱 멋을 낼 수 있기 때문이다.

왜 사람의 아름다움은 항상 황금분할과 관계가 있을까? 이 문제는 지금까지 결론이 나지 않았다. 사람의 두 눈이 만들어내는 착시 현상과 관련이 있다는 설도 있고, 사람의 뇌파와 관련이 있

다는 관점도 있다. 인간 뇌파의 고저영역의 주파수 비율은

$$8.13 : 12.87 = 0.618\cdots$$

이라고 한다. 황금비 0.618…은 더 많은 아름다운 수학적 성질을 가지고 있는데, 예를 들면 이것은 유명한 피보나치 수열과 밀접한 관계가 있다. 피보나치 수열은

$$1, 1, 2, 3, 5, 8, 13, 21, 34, \cdots$$

으로 인접해 있는 두 항의 비는 모두 0.618의 근삿값이다. 앞부분에서 언급한 '최고의 직사각형'은 가로와 세로의 길이가 각각 8×5, 13×8, 21×13, 34×21로 각각 가로와 세로 비율이 $\frac{5}{8}$, $\frac{8}{13}$, $\frac{13}{21}$, $\frac{21}{34}$이다.

황금 분할은 그 응용이 매우 광범위해 지금은 증권 기술 분석 이론에서도 사용한다. 주식의 가격이 a원에서 b원으로 오른 후 하락하기 시작할 때 사람들은 언제 하락을 멈출까 노심초사하는데 일반적으로 상승폭$(b-a)$의 황금분할 지점, 즉 $a+0.618(b-a)$ 또는 $a+0.382(b-a)$로 떨어질 때 대체로 하락을 멈추는 경향이 있다고 전해진다.

출판물의 크기

서적이나 간행물 등의 너비가 얼마인지 아는가? 어떤 이들은 그것이 반드시 황금분할 비일 거라고 확신한다. 즉,

$$너비 : 길이 = \frac{\sqrt{5}-1}{2} = 0.618\cdots$$

하지만 아쉽게도 아니다. 그런데 왜 적지 않은 사람들이 이렇게 생각하는 걸까? 우리는 황금비가 되는 직사각형이 비교적 아름답다는 것을 알고 있기 때문에 일상생활에서 많은 직사각형 물건의 너비와 길이의 비율이 황금비인 경우가 많다. 그래서 사람들은 책의 너비와 길이의 비도 황금비라고 오해한다. 황금비인지 아닌지 한번 재어 보면 알 수 있다. 내 수중에 있는 한 권의 책을 예로 들어보면 이 책의 너비는 13cm이고, 길이는 18.4cm이다. 따라서

$$너비 : 길이 = 13 : 18.4 \fallingdotseq 0.707$$

으로 황금비가 아니다. 그렇다면 출판물의 가로와 세로 비율은 도대체 어떤 것일까? 길이(세로)와 너비(가로) 비율을 계산해 보자.

$$길이 : 너비 = 18.4 : 13 = 1.415 \fallingdotseq \sqrt{2}$$

여러분은 어떻게 길이와 너비의 비율이 $\sqrt{2}$이냐며 매우 놀랄지도 모른다.

사실 출판물의 가로와 세로 비율이 약 $\sqrt{2}$가 되는 이유는 실용성을 위해서이다. 종이 한 장은 너무 커서 잘라서 써야 한다. 자를 때 사람들은 늘 긴 모서리에 한 쌍의 점을 찍고 그것들을 연결해 재단선으로 삼는 것을 좋아한다. 이런 재단을 '맞절개'라고 부른다. 만약 종이가 너무 크다면 다시 맞절개할 수 있고, 그러면 원래의 종이는 '4절개'된다. 우리는 '맞절개'를 거친 후, '맞절개', '재절개', 또다시 거듭 '맞절개'를 한 후에 얻는 직사각형은 너무 길어져도 안 되며, 너무 두꺼워도 안 된다.

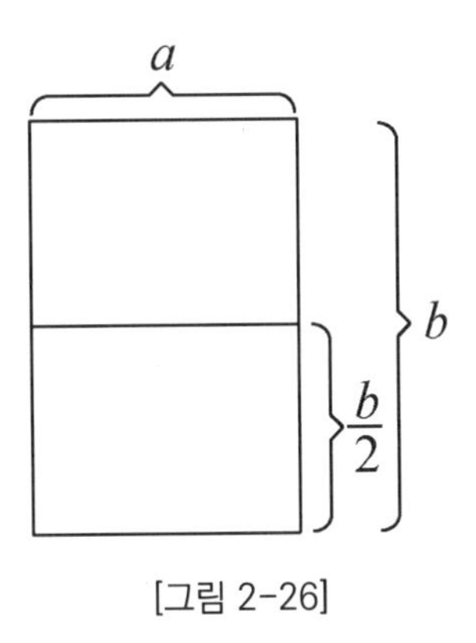

[그림 2-26]

수학적으로 말하자면, '맞절개'로 얻은 두 개의 작은 직사각형이 원래의 직사각형과 닮음이기를 원한다. 원래 직사각형의 길이가 b이고 너비가 a이면[그림 2-26]

$$\frac{b}{2} : a \fallingdotseq a : b$$

$$\frac{b}{2} \fallingdotseq \sqrt{2}$$

따라서 신문, 일반 간행물의 길이와 너비 비는 약 $\sqrt{2}$의 값을 가진다.

장인의 비법

어느 장인匠人이 큰 바위 위에 오각별을 새겼다. 그는 자신만의 독특한 작도 방법이 있었는데, 이 방법은 단지 두 마디의 구로 표현할 수 있다.

一六中间坐，二八分两旁

일육중간좌, 이팔분양방

무슨 의미일까? '일육중간좌'는 먼저 수평이 되는 길이 1인 선분 $\overline{AB}$를 하나 그린다. 그런 후에 $\overline{AB}$의 중점 F를 지나는 수직선을 그리고 수직선 위의 점 F로부터 $\overline{FG}=1$, $\overline{GD}=0.6$이 되도록 차례로 표시하는 것이다.

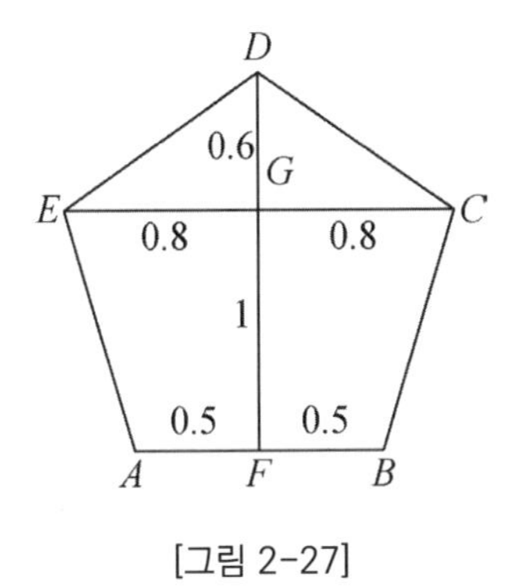

[그림 2-27]

'이팔분양방'은 점 G를 지나는 $\overline{EC}$는 $\overline{AB}$와 평행하고 $\overline{GE}=\overline{GC}=0.8$이 됨을 의미한다. 마지막으로 $\overline{BC}$, $\overline{CD}$, $\overline{DE}$, $\overline{EA}$를 연결하면, 정오각형과 유사한 도형을 얻을 수 있다[그림 2-27].

이렇게 그려진 도형은 정오각형과 매우 닮았다. 왜 그럴까? 피타고라스의 정리로 알 수 있듯이 $\overline{DE}$와 $\overline{DC}$의 길이는 모두 1이고 $\overline{BC}$와 $\overline{AE}$의 길이는 다음과 같기 때문이다.

$$\begin{aligned}\overline{BC}=\overline{AE}&=\sqrt{(0.8-0.5)^2+1^2}\\&=\sqrt{1.09}\\&\fallingdotseq 1.044\end{aligned}$$

$\overline{AB}=\overline{DC}=\overline{DE}=1$이고 $\overline{BC}$와 $\overline{AE}$는 이 세 변과의 차이가 4.4%에 불과하다. 이 오차는 매우 큰 바위 위에서는 매우 미미한 오차라고 볼 수 있다.

반면 '정확한' 정오각형에서 위에서 구한 선분의 길이가 얼마인지 다시 확인해 보자. 정오각형 $PQRST$의 한 변의 길이를 1, $\overline{PQ}$의 중점을 V라고 하면 $\overline{VS}$, $\overline{TR}$는 점 W에서 만난다[그림 2-28]. 계산으로 다음 값을 확인할 수 있다.

$$\overline{SW}=\frac{1}{2}\sqrt{\frac{5-\sqrt{5}}{2}}\fallingdotseq 0.588,$$

$$\overline{WT}=\frac{1}{4}(\sqrt{5}+1)\fallingdotseq 0.809,$$

$$\overline{WV}=\frac{1}{2}\sqrt{\frac{5+\sqrt{5}}{2}}\fallingdotseq 0.951$$

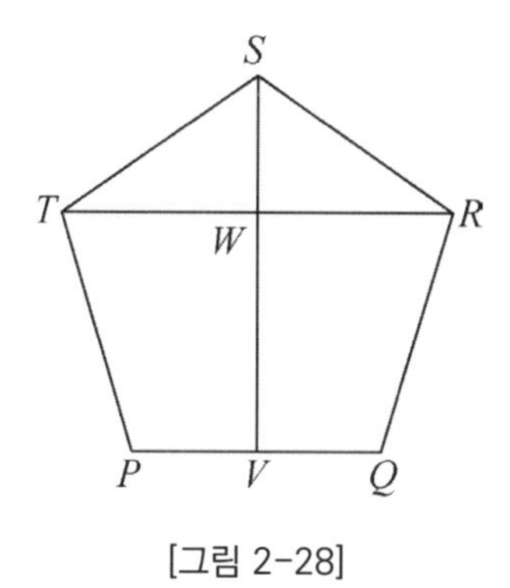

[그림 2-28]

앞의 방법에서 나타낸 수는 바로 $\overline{SW}$, $\overline{WT}$, $\overline{WV}$의 값을 반올림해 구한 근삿값이다. '일육중간좌, 이팔분양방' 외에 더 정확한 방법은 바로 '구오정오구九五顶五九, 팔일양변분八一两边分'이라는 방법이다. 목공이 만들어낸 것으로 그 의미는 다음과 같다.

길이가 1인 선분 $\overline{AB}$의 중점에 수직선 $\overline{DF}$를 그린다. 이때 $\overline{GF}$=0.95, $\overline{DG}$=0.59이다. 그리고 G를 지나면서 $\overline{AB}$에 평행한 $\overline{EC}$를 그으면 $\overline{EG}=\overline{GC}$=0.8이 된다. 따라서 $\overline{BC}$, $\overline{CD}$, $\overline{DE}$, $\overline{EA}$

를 연결하면 $ABCDE$는 정오각형에 근사한다[그림 2-29].

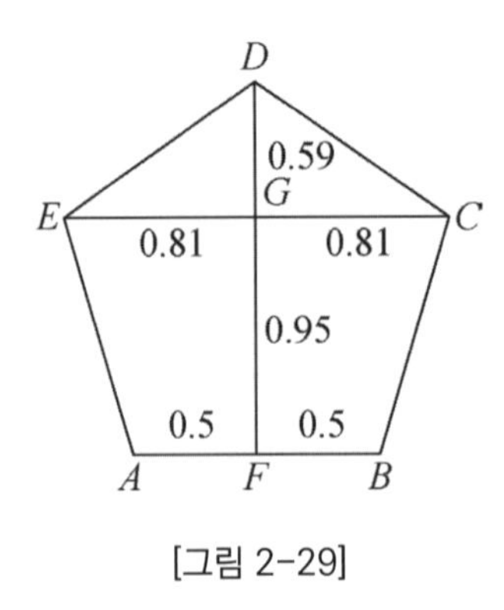

[그림 2-29]

각 변의 길이는

$\overline{AB} = 1$

$\overline{DC} = \overline{DE} = \sqrt{0.59^2 + 0.81^2} \fallingdotseq 1.0021$

$\overline{BC} = \overline{AE} = \sqrt{(0.81 - 0.5)^2 + 0.95^2} \fallingdotseq 0.9993$

이 오각형에서 각 변의 길이와 정오각형의 각 변의 길이의 오차는 1000분의 2에 불과하다.

위에 소개한 방법 외에도 오각별을 그리는 근사법은 여러 가지가 있다. 이 방법들은 간편하고 실행하기 쉬우며, 대부분 목공, 석공들이 장기간의 실천 속에서 창조해낸 것이다.

기름 나누기와 당구

'기름 나누기 문제'로 불리는 오래된 문제가 있다.

여기 세 개의 용기가 있다. 첫 번째 용기에는 8리터의 기름을, 두 번째 용기에는 5리터의 기름을, 세 번째 용기에는 3리터의 기름을 채울 수 있다고 한다. 현재 8리터의 기름이 첫 번째 용기에 담겨 있는데, 세 개의 용기를 이용해서 기름 8리터를 반으로 나누려고 한다. 주의할 것은 이 용기들은 눈금이 없으므로 우리는 기름을 반복해서 한 용기에서 다른 용기로 붓거나, 전자를 비우거나 후자를 가득 채우거나 해서 최종적으로 8리터의 기름을 나눠야 한다. 사실 반드시 똑같이 나누지 않아도 임의로 정수 리터가 되도록 기름을 나누어도 된다.

고전적인 방법은 다음과 같다.

1. 두 번째 용기에 기름을 채우고 첫 번째 용기에 기름 3리터를 남긴다. 이때, 세 개의 용기에 담긴 기름의 양은 각각 3리터, 5리터, 0리터이다.
2. 두 번째 용기의 기름을 세 번째 용기에 붓는다. 즉, 두 번째 용기에서 기름 3리터를 세 번째 용기에 부으면 기름 2리터가 두 번째 용기에 남는다. 이때, 세 개의 용기에 담긴 기름의 양은 각각 3리터, 2리

터, 3리터이다.

3. 세 번째 용기에 있는 기름 3리터를 첫 번째 용기에 붓는다. 이때, 세 개의 용기에 담긴 기름은 각각 6리터, 2리터, 0리터이다.
4. 두 번째 용기의 기름을 세 번째 용기에 모두 붓는다. 이때, 세 용기 안의 기름은 각각 6리터, 0리터, 2리터이다.
5. 첫 번째 용기의 기름을 두 번째 용기에 가득 채운다. 이때, 세 용기에 담긴 기름은 각각 1리터, 5리터, 2리터이다.
6. 두 번째 용기의 기름을 세 번째 용기에 붓고 채운다. 이때, 세 개의 용기에 담긴 기름은 각각 1리터, 4리터, 3리터이다.
7. 세 번째 용기의 기름을 모두 첫 번째 용기에 붓는다. 이때, 세 용기 안의 기름은 각각 4리터, 4리터, 0리터이다.

여기까지 하면 임무가 완성된다. 하지만 이 문제의 답은 하나가 아니다. 예를 들어 첫 번째 용기의 기름을 세 번째 용기에 붓고…등과 같은 상황이 모두 가능하다.

흥미로운 것은 이 문제는 삼각형의 격자로 해결할 수 있다는 것이다. [그림 2-30]에서 보는 것과 같은 삼각형의 격자에서 작은 삼각형은 세 변의 길이가 모두 같고 높이는 1이다.

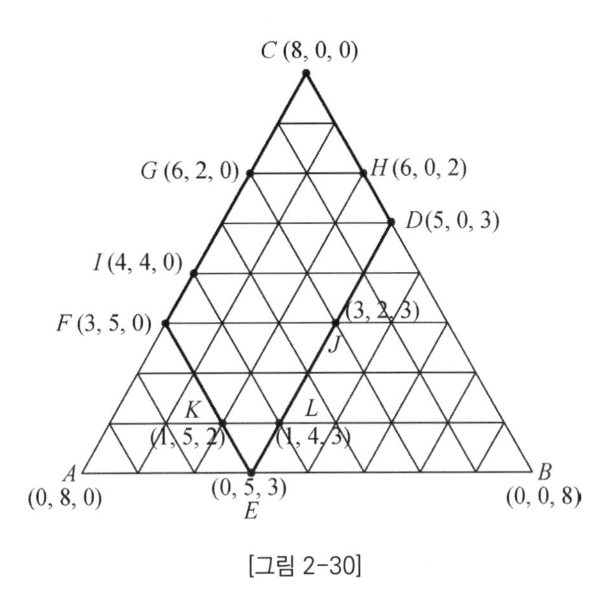

[그림 2-30]

이 삼각형 격자 속의 각 점은 모두 세 개의 높이를 가진다. 점과 삼각형의 수평한 변 AB와의 거리는 '수평 높이', 삼각형의 오른쪽 변 BC와의 거리를 '오른쪽 높이'라고 하면 같은 방법으로 삼각형의 왼쪽 변 AC와의 거리는 '왼쪽 높이'가 된다. 예를 들어 점 C의 '수평 높이'는 8이고 '오른쪽 높이'와 '왼쪽 높이'는 모두 0이다. 우리는 점 C를 (8,0,0), 점 J는 (3,2,3)이라고 표시한다.

눈치가 빠른 사람은 재빠르게 문제를 파악하는데 우리가 다루는 세 개의 용기로 첫 번째 용기는 8리터의 기름을 담을 수 있고, 두 번째 용기는 5리터의 기름을 담을 수 있으며, 세 번째 용기는 3리터의 기름을 담을 수 있으므로 이는 3개의 '높이'로 볼 수 있다. '수평 높이'는 8을 넘지 않고 '오른쪽 높이'는 5, '왼쪽 높이'는 3을 넘지 않는다. 그래서 우리는 이 격자 모양의 삼각형에서 조건에 맞는 범위를 생각할 수 있고 이 범위는 평행사변형 *CDEF*이다. 이 범위 안의 어떤 격자점에서도 세 높이의 총합은 항상 8을 초과하지 않으며, 수평 높이는 8을 초과하지 않고 오른쪽 높이는 5, 왼쪽 높이는 3을 초과하지 않는다.

우리는 삼각형 격자를 이용해서 기름 나누기 문제를 해결하려고 하는데, 실제로 더 정확히 말하면 이 평행사변형 격자를 이용해서 풀 수 있다.

평행사변형 격자로 위의 기름 나누기 문제를 풀어보자.

처음 상태는 첫 번째 용기에 8리터의 기름이 들어있고, 두 번째와 세 번째 용기에는 기름이 들어있지 않았다. 이 상태는 (8,0,0)로 기억할 수 있으며, 점 *C*에 대응한다. 다음, 두 번째 용기를 가득 채우면 첫 번째 용기에 기름 3리터가 남는다. 이때 3개의 용기에 각각 3리터, 5리터, 0리터의 기름이 들어 있다. 이 상태는 (3,5,0)으로 나타낼 수 있으며 점 *F*에 해당한다. 이때 기름을 붓는 행위는 점 *C*에서 격자의 선을 따라 점 *F*까지 직진하는 것과 같다. 주의할 것은 점 *F*는 평행사변형 *CDEF*의 모서리 위에 있다.

다음의 기름 붓기는 점 *F*에서부터 *J*(3, 2, 3)까지에 해당한다. 점 *J*도 평행사변형 *CDEF*의 모서리에 있다. 다시 점 *J*에서

$G(6,2,0)$까지, 점 G에서 H(6,0,2)까지, $K(1,5,2)$에서 $L(1,4,3)$까지, 최종적으로 $I(4,4,0)$에 이른다. 이는 첫 번째 용기에 기름 4리터, 두 번째 용기에 기름 4리터, 세 번째 용기에 기름 0리터가 들어있는 상태이다. 반으로 나누는 작업은 완성되었다.

보는 바와 같이 평행사변형 $CDEF$의 격자 안에서 이리저리 그리기만 하면 기름을 반으로 나눌 수 있다. 앞에서 말했듯이 실제로 이렇게 하면 어떤 정해진 리터 수로 나눌 수 있다. 왜 격자선을 따라 움직일 때 반드시 평행사변형의 변에 도달할까? 좀 자세히 생각해 보면, 해답을 찾기 어렵지 않다. 이는 용기에 눈금이 없기 때문에, 액체를 반복해서 한 용기에서 다른 용기로 붓거나 전자를 비우거나 또는 후자를 채울 수밖에 없다. 평행사변형 $CDEF$의 변 위에 있는 점은 항상 용기가 가득 차거나 비어 있다는 것을 의미한다. 그래서 중간이 아닌 평행사변형의 가장자리까지 운동을 해야만 코너를 돌 수 있다.

기름 나누기 문제와 당구는 서로 상관이 없어 보이지만 기름 나누기 문제도 당구 운동으로 해결할 수 있다. 우리는 평행사변형 $CDEF$ 형태의 당구대를 만들고 그 위에서 당구를 친다. 원래의 공은 점 C에서 격자선을 따라 가다가 평행사변형 $CDEF$의 당구대에 부딪혀 반사되어 지정된 지점에 도달하는데 이 문제에서는 점 $I(4,4,0)$이다.

18~19세기에 살았던 프랑스 수학자 포아송은 젊은 시절 위 문제와 비슷한 술 나누기 문제를 생각했다. 이 문제는 포아송의 수학에 대한 지대한 흥미를 불러일으켰고, 그로 하여금 마침내 수학자가 되기로 결심하게 한 동기가 되었다. 이후에 그의 소망이 실현되어 그는 저명한 수학자가 되었을 뿐만 아니라 유럽 여러 나라의 과학원 회원이 되었다.

완벽한 재봉

갑 : (손에 담요를 하나 들고) 안녕!

을 : (머리 정수리에 줄자 하나를 올려놓고) 그 담요는 뭐니?

갑 : 이 담요는 전해 내려오는 가보야! 스승님께서 물려주셨어.

을 : 스승님?

갑 : 상해의 소리꾼 황영생黃永生.

을 : 그런데 스승님과 이 담요는 무슨 관계가 있는 거야?

갑 : 스승님이 부른 〈고채희법古彩戱法〉이라는 게 있어.

을 : 고… 채… 희법?

갑 : 마술은 두 가지로 나눌 수 있지. 현재 무대 위나 텔레비전에서 공연하는 마술은 대부분 서양에서 전해오는 것으로 '양희법'이라고 해. 그리고 중국 고대의 마술도 있는데, 이것을 고채희법이라고 하지.

을 : 그럼 고채희법과 양희법은 뭐가 다른 거야?

갑 : 고채희법은 예를 들면 물고기, 불, 살아있는 새 등을 먼저 몸에 숨긴 후에 하나씩 꺼내는 거야.

을 : 그렇구나, 그럼 이 담요는?

갑 : 물건을 꺼내기 전에 반드시 담요로 덮어줘야지. 담요는 고채희법에 없어서는 안 될 필수 도구라고.

을 : (담요를 보며) 이 낡은 담요가 아직 쓸모가 있구나.

갑 : 스승님은 이렇게 불렀어. (노래) '담요 한번 덮고, 에효!'

을 : (따라 부르면서) 담요 한번 덮고, 에효!

갑 : 그런데 안타깝게도 이 담요에 구멍이 하나 나버렸어.

을 : 어디 보자, 난 유명한 재봉사야.

갑 : (담요를 을에게 건네며) 정말?

을 : (자로 재며) 이 담요는 정사각형으로 한 변의 길이가 12척이군. (자세히 본다)

갑 : 수선할 수 있겠어?

을 : 담요를 잘라서 다시 맞추면 되지. 흠잡을 데 없이 완벽할 테니 걱정 마!

갑 : 그럼 크기가 작아지지 않을까?

을 : (가슴을 툭툭 치면서) 아니! 내가 너의 담요가 조금도 작아지지 않게 수선할 수 있어!

갑 : 구멍이 없어지는데 담요 크기가 작아지지 않는다고? 너도 아마 마술을 쓰는 것 같군.

을 : 나는 황영생 스승을 모신 적도, 마술 스승으로 둔 적도 없지!

갑 : 그럼… 도대체 어떻게… 정말 믿어도 돼?

을 : (통 크게 자르며) 담요를 다섯 조각으로 잘라[그림 2-31].

갑 : 잘 수선해 줘. 나는 정말 마음이 좀 놓이질 않아. 내 가보

를 망가뜨리지 마.

을 : (5개의 조각를 보여주며) 다시 맞추기만 하면 되지[그림 2-32]. (갑에게 담요를 건네며)

갑 : (자로 재며) 와! 크기가 그대로야. (담요를 자기 몸에 덮고, 노래) 담요 한번 덮고, 에효!

을 : 어때? 만족해?

갑 : 와아! 면적이 작아지지도 않으면서 구멍이 보이지 않는 게 믿기지 않아. 도대체 어떻게 한 거야?

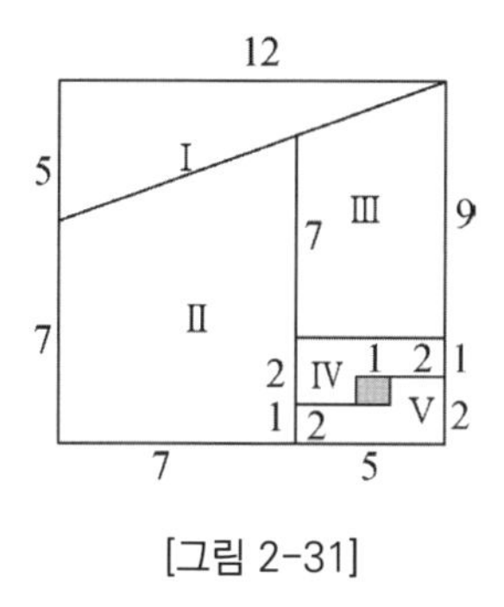

[그림 2-31]

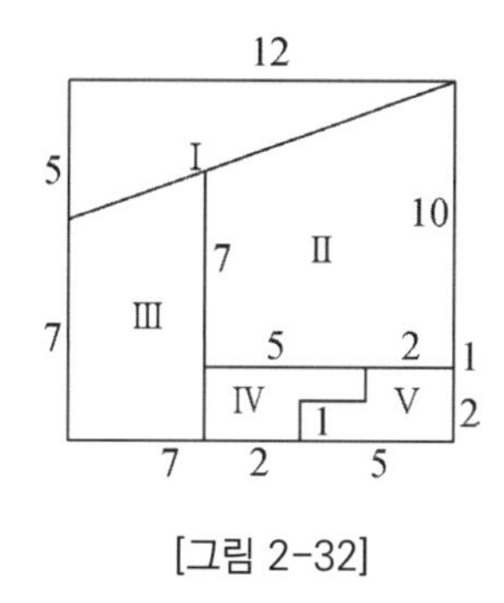

[그림 2-32]

이 이야기는 하나의 수수께끼를 남겼다. 여러분은 구멍의 행방을 알고 있나? 만약 대충 살펴봤다면 문제의 허점을 발견하기가 쉽지 않다. [그림 2-33]에서 $\overline{DE} : \overline{AC} = \overline{BD} : \overline{BA}$이므로 $\overline{DE} = 2\frac{1}{12}$을 얻는다. $\overline{EK}$의 길이는,

$$12-1-2-2\frac{1}{12}=6\frac{11}{12}$$ 으로,

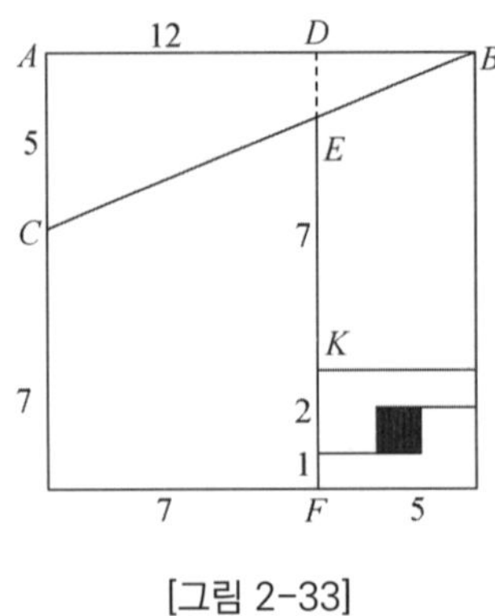

[그림 2-33]

그림에 표시된 7이 아니지만, 이 답은 7과의 차이가 매우 작아 소홀하기 쉽다. 조각을 다시 맞추면, 담요에 여전히 구멍이 남아 있다!

탈레스와 피라미드

이집트에는 많은 피라미드가 있다. 이 피라미드들은 고대 이집트인들의 자랑거리다. 생산력이 매우 낙후되었던 고대에 인류가 뜻밖에도 이렇게 크고 높은 건축물을 만들어낼 수 있었다니, 도대체 어떻게 한 것인지 정말 상상도 할 수 없다. 피라미드의 건설 방법과 관련된 각종 의문은 지금까지도 대부분 수수께끼로 남아 있다.

고대 이집트인들은 위대한 피라미드를 세울 수 있었지만, 기원전 7세기에서 기원전 6세기에 이집트인들은 피라미드가 얼마나 높은지 알지 못했다. 고대 그리스의 학자 탈레스는 이집트로 유학을 왔고 자신이 피라미드의 높이를 측정할 수 있다고 호언장담했다. 당시로선 허풍을 떠는 것처럼 보였으므로 파라오 아마시스가 그에게 즉석에서 높이를 측정해 보라고 요구했다.

구름 한 점 없이 맑은 날, 탈레스는 짧은 막대기 하나만 가지고 있었다. 그런데 바로 피라미드의 높이를 측정해 파라오를 놀랍게 만들었다. 탈레스는 어떻게 측정했을까?

그는 바로 닮은 도형의 원리를 이용했다. 그는 땅에 짧은 막대기를 세워 짧은 막대기의 길이와 막대기의 그림자 길이를 재어 보았다. 그리고 그것을 각각 a와 b라고 한 후에 피라미드의 그림자의 길이를 다시 한 번 잰다. 물론 피라미드의 단면적은 매우 넓기 때문에 피라미드의 그림자는 직접 잴 수 없고 약간의 계산이 필요하다. 역사적인 기록에는 탈레스가 사용한 정확한 측정법을 알려주진 않는다. 우리는 이것과 무관하게 피라미드 그림자의 길이를 b'라고 가정한다. 그렇다면 닮은 삼각형의 원리에 의해 짧은 막대기의 길이와 피라미드 높이의 비는 반드시 짧은 막대기의 그림자 길이와 피라미드의 그림자 길이의 비와 같다. 피라미드의 높이를 a'라고 하면,

$$a : a' = b : b'$$

이므로 피라미드의 높이 a'를 계산해낼 수 있다.

탈레스는 대학자로 고대 그리스의 '칠현七賢' 중 한 명이다. 그는 지구가 둥글다는 것과 1년이 $365\frac{1}{4}$일이라는 것을 알아내었다. 뿐만 아니라 일식과 월식도 예측했다. 당시, 오늘날 터키의 메디아국과 리디아국은 여러 해 동안 계속된 전쟁으로 두 나라의 백성은 편안하지 못했다. 그때 마침 탈레스는 그곳에서 유학 중이었고 두 나라가 평화롭게 지내도록 권유했다.

하지만 안타깝게도 설득은 무효했다. 할 수 없이 그는 이렇게 잔인무도한 전쟁에 하늘이 격노했다며 태양이 어느 월, 어느 날에 멈출 것이라고 경고했다. 양국의 군인들은 그게 무슨 잠꼬대 같은 소리냐며 아랑곳하지 않았다. 그런데 탈레스가 예언한 그 날이 되자, 두 군대가 한창 격렬하게 싸우고 있던 도중, 일식이 발생해 순식간에 대지가 캄캄해졌고, 양국의 군사들은 매우 놀라 정말 하늘이 그들에게 경고하는 것이라고 여겼다. 그리고 마침내 두 나라는 휴전하고 화해했다.

천문학 역사의 고증에 의하면 당시의 일식은 기원전 585년 5월 28일에 발생했을 것이라고 한다.

3장

수학이 빛나는 순간

수학으로 풀리는 기묘한 문제들

원의 면적 공식

원의 면적 공식 $S=\pi r^2$은 많은 사람이 잘 알고 있는 공식 중의 하나이다. 그런데 이 공식이 먹히지 않는 상황도 있다.

만약 대형 저수탱크의 바닥 면적을 측정해야 한다면, 어떻게 해야 할까? 여기서 저수 탱크는 매우 큰 원기둥이라는 것에 주의하자. 공식 $S=\pi r^2$을 쓰려면 반지름 r을 알기만 하면 된다. r은 원의 중심에서 원주 위의 임의의 점까지의 거리인데 그렇다면 원의 중심은 어디일까? 원의 중심은 항상 존재하지만, 안타깝게도 이런 상황에서 그 중심을 찾기는 매우 어렵다.

이는 원의 면적 공식이 많이 쓰이지만 쓸 수 없는 상황도 있다는 것을 말해 준다. 결함을 인식하는 것이 발명의 시작이다. 이 결함을 인식하고 그것을 개선할 방법을 강구하는 것이 바로 발명 창조이다.

그렇다면 반지름을 직접 측정할 수 없는 상황에서는 다른 값을 측정한 후에 간접적으로 반지름을 알아낼 수 있지 않을까?

지름으로 반지름을 알 수 있지만, 지금으로서는 지름도 측정하기 어렵다. 원의 둘레로 반지름을 계산할 수 있지만 원둘레는 어떻게 측정할 수 있을까? 괜찮은 방법처럼 보이는데 끈을 이용해서 원기둥을 한 바퀴 돌리면 원둘레를 얻을 수 있다. 드디어 우리는 이 문제를 푸는 방법을 얻었다.

1단계 : 원의 둘레 C를 측정한 후 반지름 r을 구한다.

2단계 : 반지름 r 값에 근거해 공식을 이용해 원의 면적을 구한다.

문제는 해결됐지만, 만약 여러분이 서로 다른 원기둥의 부피를 자주 측정한다면 분명히 번거로움을 느낄 것이다. 매번 원기둥의 바닥 면적을 계산할 때마다 두 단계를 거쳐야 하기 때문이다. 만약 위의 두 단계를 하나로 통합한다면 개선된 원의 면적 공식을 얻을 수 있다.

$$C=2\pi r$$

이므로

$$r=\frac{C}{2\pi}$$

이 식을 $S=\pi r^2$에 대입하면,

$$S=\frac{C^2}{4\pi}$$

을 얻는다. 즉 이 식은 원의 둘레를 이용한 새로운 원의 면적 공식이다.

만약 여러분이 이 새로운 공식 $S=\frac{C^2}{4\pi}$으로 항상 원의 면적을 구해야 할 뿐만 아니라 정확도에 대한 요구도 높지 않다면, 여러분은 이 공식이 너무 복잡하다고 느낄 수 있다. 왜냐하면 무리수로 나누어야 하기 때문이다. 계산이 좀 더 쉽도록 다시 공식을 개선할 수 있을까? 이 공식에 계산이 비교적 번거로운 주된 이유는 π때문이다. 따라서 $\pi=3$을 취하면 공식은 다음과 같이 간단해진다.

$$S=\frac{C^2}{12}$$

비록 정수로 나누기는 하지만 나눈다는 것이 번거로운데, 다시 개선할 수 없을까?

$\frac{1}{12}$을 계산하면, $\frac{1}{12}\fallingdotseq 0.083$이다. 만약 $\frac{1}{12}\fallingdotseq 0.08$으로 공식 $S=\frac{C^2}{12}$을 개선하면, $S=C^2\times 8\%$이다.

주의할 것은 $\frac{C^2}{12}$은 S보다 크고, $C^2\times 8\%$는 $\frac{C^2}{12}$보다 작기 때문에, $S=C^2\times 8\%$는 두 번에 거쳐 얻은 근사 공식으로 그 정확도가 $S=\frac{C^2}{12}$에 비해 나쁘지는 않다.

이 두 가지 개선은 크게 놀랄 만한 것이 아니다. 여기서 언급한 내용은 '작은 문제'이지만, 문제를 사고하는 방법에 관해서는 큰 의미가 있다고 생각한다.

총명한 쥐의 탐험기

쥐 한 마리가 실험실에서 도망쳐 나왔다. 이 쥐는 실험실에서 생활하면서 과학자의 가르침을 받아 총명했다. 이 쥐가 둥근 호숫가에서 고양이를 만나자, 쥐는 황급히 물속으로 뛰어들었다. 고양이는 수영을 할 줄 몰라 호숫가에서 쥐의 움직임을 살피다가, 쥐가 호숫가로 올라오는 순간 잡으려고 단단히 지켜보고 있었다. 쥐는 고양이의 달리기가 자신의 수영 속도에 비해 2.5배 빠를 것이라고 예측하고는 속으로 '어떻게 해야 고양이의 추적을 벗어날 수 있을까?' 생각했다.

처음에 쥐는 둥근 호수의 가장자리를 따라 헤엄쳤고, 고양이는 호수 기슭을 돌며 호시탐탐 쥐를 노려보았다. 쥐는 속으로 '겁이 나서 이러면 안 되겠다'고 생각했다. 그래서 전술을 바꿔 A지점부터 바로 맞은편 C지점으로 향했다[그림 3-1]. 쥐는 '고양이가 A에서 C까지 원주의 반을 뛰어야 하니 나를 뚫어지게 볼 수는 없을 거야.'라고 생각했다.

호수의 반지름은 r이지만, 실제로는 반원의 둘레는 지름의

$$\pi r \div 2r \fallingdotseq 1.57(\text{배}) < 2.5(\text{배})$$

이기 때문에 고양이는 쥐를 잡을 수 있다. 쥐가 맞은편 지점까지 헤엄쳐 도착했을 때, 고양이는 이미 도착해 쥐를 기다리고 있는 꼴이 된다.

쥐는 A지점에서 원의 중심 O에 도착한 후 잠시 멈춰 고양이가 어느 위치에 있는지 확인한다. 이때, 고양이가 B 지점에 있자, 쥐는 바로 몸을 돌려 B지점의 반대편인 지점 D를 향해 헤엄쳐간다. 여기에서 쥐가 헤엄쳐가야 할 거리는 반지름 $\overline{OD}$의

길이에 해당하고 고양이가 달려야 하는 거리는 반원 BCD 즉, $\overline{OD}$의 π배이다[그림 3-1].

$$\pi > 3.14 > 2.5$$

이므로 고양이가 둥근 호숫가를 따라 D지점까지 도착하기 전에 쥐는 이미 D에 도달한 상태이다. 결국 쥐는 이렇게 뭍으로 올라와서 도망칠 수 있었다.

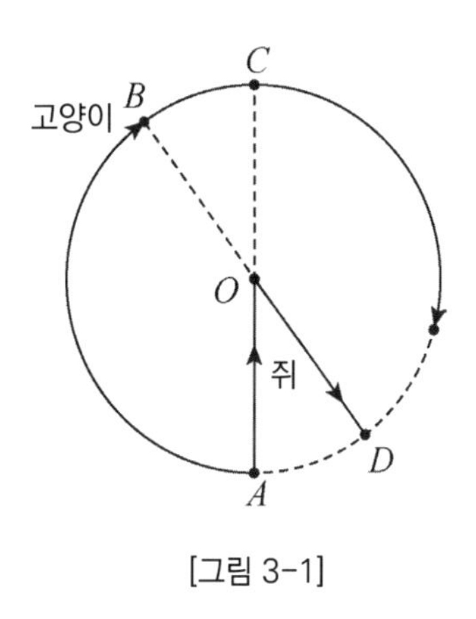

[그림 3-1]

이후, 이 쥐는 또 한 번 짜릿한 경험을 했다. 이 호수에서 고양이 한 마리를 또 만났는데 고양이는 쥐의 수영 속도보다 4배나 빨리 달렸다. '이거 큰일 났구나!' 하고 쥐는 생각했다. 하지만 쥐는 잠시 생각하더니 더 똑똑한 방법을 찾아냈다.

호수의 반지름은 r 이며, 호수 내부에 반지름이 $\frac{1}{4}r$ 보다 약간 작은 동심원을 취한다.

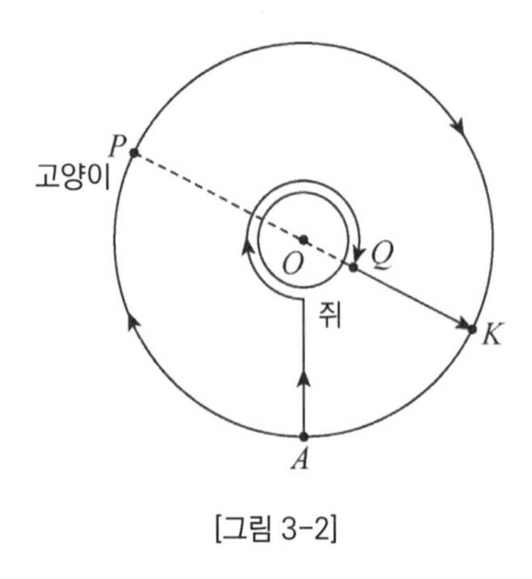

[그림 3-2]

작은 원의 반지름을 $0.24r$ 라고 하자. 쥐는 호수에 뛰어들어 먼저 작은 원을 따라 헤엄쳤다. 호수의 둘레는 작은 원둘레의 4배보다 크기 때문에 이는 쥐가 작은 원을 따라 헤엄치고 고양이가 호숫가를 따라 달릴 때, 쥐가 도는 각도가 고양이가 도는 각도보다 크다는 것을 의미한다. 어느 순간은 쥐와 고양이가 같은 지름 위에 위치하면 즉, 각각 지름의 양 끝점으로 쥐는 Q지점, 고양이는 P지점에 있다[그림 3-2]. 이때 쥐는 $\overrightarrow{OK}$ 방향으로 곧장 헤엄쳐 K지점을 향해 간다.

$$\frac{\text{반원의 둘레 } \overset{\frown}{PK}}{\overline{QK}} = \frac{\pi r}{0.76r} \fallingdotseq 4.13 > 4$$

따라서 쥐가 K지점에 도착했을 때 고양이는 K에 도착하지 못한다. 그러면 쥐는 뭍으로 올라와서 무사히 도망칠 수 있다.

동전은 몇 바퀴 돌았을까?

1867년, 〈사이언티픽 아메리칸Scientific American〉에 사람들을 어리둥절하게 하는 문제가 게재되어 깊은 흥미와 격렬한 논쟁을 불러일으켰다.

첨예한 대립 관점을 가진 두 입장의 편지가 편집부로 눈발처럼 날아들었다. 많은 사람이 자신의 논증에 힘을 싣기 위해 정성껏 만든 각종 장치도 함께 보내왔다. 이후, 편지가 실제로 너무 많아 감당할 수 없는 지경에 이르러 편집부는 어쩔 수 없이 이 문제와 관련된 기사를 중단하고, 또 다른 새로운 월간지에 이 '중대한 문제'에 대해 전문적인 토론을 시작했다.

도대체 어떤 문제일까? 말하자면 더할 나위 없이 간단하다. 책상 위에 모양과 크기가 같은 두 개의 동전을 바짝 붙이고, 그 중 한 개를 고정시킨다. 고정된 동전의 둘레를 따라 다른 하나의 동전을 한 방향으로 굴렸을 때, 이 동전은 고정된 동전 주위를 몇 바퀴나 돌까?

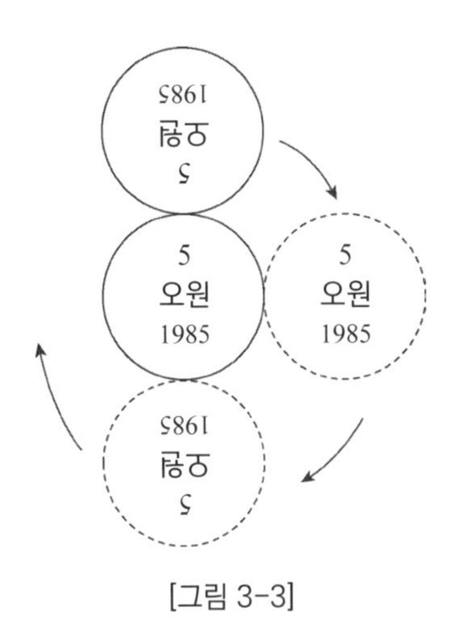

[그림 3-3]

각자 실험을 직접해 보며 토론해 보자. 동전은 도대체 몇 바퀴나 돌까? 한 바퀴, 아니면 두 바퀴?[그림 3-3] 어떤 사람들은 동전이 한 바퀴만 돌았다는 주장을 굽히지 않았다. 그들은 전체 회전 과정 중 두 개의 '5'가 같은 모양을 할 때는 한 번뿐이었으며, 동전이 고정된 동전의 위에서 아래로 굴러 180° 회전했으며, 다시 거꾸로 5에서 180° 굴러 모두 360°로 한 바퀴 회전하였음을 설명했다. 하지만 실제로는 동전이 두 바퀴 돌았다!

먼저 고정된 동전을 무시하고 움직이는 동전만 고려하면 '5'자가 아래쪽으로 돌기 시작해 다시 '5'자로 돌아오면 이미 360° 회전한 것이다. 전체 회전 과정에서 움직이는 동전은 다시 '5'자 아래로 돌기 때문에 모두 두 바퀴를 돈 것이다.

이 기묘한 문제와 밀접한 관련이 있는 또 다른 문제는 '달의 수수께끼'이다. 달은 항상 동일한 면으로 지구를 향하는데 달이 지구를 돌 때 달이 자신의 축을 돌고 있느냐는 문제이다. '만약 달이 자전한다면, 우리는 달의 다른 면을 볼 수 있지만, 우리가 보는 것은 항상 같은 면이다. 만약 관찰자가 지구와 달의 시스템 밖에 서 있다면, 예를 들어 화성에 서 있으면 이 문제는 쉽게 풀 수 있을 것이다. 이때 관찰자는 달이 지구를 한 바퀴 돌 때마다 달이 자신의 축을 한 바퀴 도는 것을 볼 수 있다. 그렇다면 왜 (고정된 동전의 둘레를 회전하는) 움직이는 동전이 한 바퀴 돈다고 생각하는 사람이 많은 것일까?

원래 이 질문에 대한 답은 관찰자의 상대적 위치에 의존한다. 관찰자가 두 동전의 밖에서 보면 동전이 두 바퀴 돌고, 고정된 동전이 있는 자리에서 본다면 움직이는 동전은 한 바퀴만 도는 것으로 보인다. 한 바퀴만 돈다고 생각하는 사람은 자신도 모르게 고정된 동전의 위치에서 바라본 것이다.

마찬가지로 우리는 1년은 365일로 1년 동안 지구는 365바퀴나 자전한다는 것을 알고 있다.

큰 원=작은 원?

두 원이 있다. 하나는 크고 하나는 작다. 이 원들의 반지름은 당연히 같지 않다. 큰 원의 반지름은 크고 작은 원의 반지름은 작다. 이는 분명하고 확실한 사실이다.

그러나 고대 그리스에는 궤변을 좋아하는 철학자 아리스토텔레스가 있었다. 그는 큰 원이든 작은 원이든 그것들의 반지름이 완전히 같을 뿐만 아니라, 이를 쉽게 증명할 수 있다고도 말했다.

[그림 3-4]와 같이, 큰 원과 작은 원을 하나의 수레바퀴 위의 두 개의 동심원으로 보고 큰 원의 반지름을 R, 작은 원의 반지름을 r이라 한다.

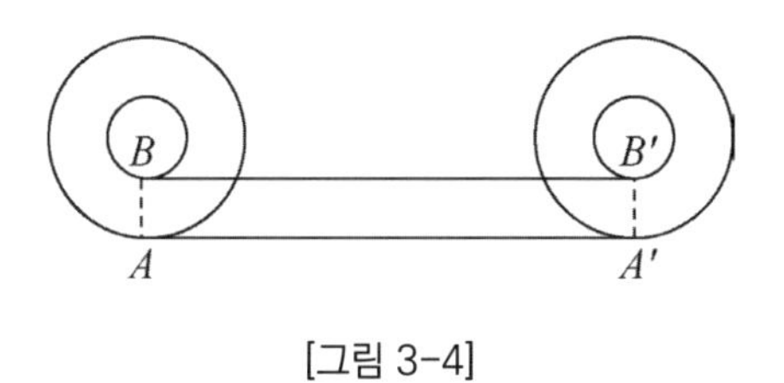

[그림 3-4]

큰 원을 지면의 일직선을 따라 한 바퀴 굴리면 큰 원 위의 한 점이 A에서 A'까지 구른다. 즉, 선분 AA'의 길이는 큰 원의 둘레가 되므로

$$\overline{AA'} = 2\pi R$$

이다. 작은 원과 큰 원의 중심이 함께 고정되어 있으므로 큰 원이 한 바퀴 구르면 작은 원도 한 바퀴 굴러가게 된다. 점 A, A'가 점 B, B'점으로 바뀐다. 따라서

$\overline{BB'} = 2\pi r$이다.

즉, $\overline{AA'} = \overline{BB'}$ 이므로

$2\pi R = 2\pi r$이고 양변을 2π로 나누면

$R = r$을 얻는다.

그러니까 큰 원과 작은 원의 반지름은 같다. 넓게 보면, 우주의 모든 크고 작은 원과 크고 작은 구의 반지름은 모두 같다는 결론이니 이 얼마나 황당한가! 아리스토텔레스의 궤변은 일찍이 많은 사람을 미혹시켰다. 어떻게 많은 사람들이 이런 궤변에 유혹될 수 있었을까? 원래 큰 원으로 만든 것은 미끄러짐 없이 순수하게 굴리는 것으로 작은 원은 오히려 큰 원을 끼고 한쪽은 굴러가면서 한쪽은 앞으로 미끄러진다. 그래서 $\overline{BB'}$는 작은 원의 둘레가 아니고 작은 원의 둘레보다 더 길다. 이는 아이가 어머니와 함께 공원에 가기도 하고, 때로는 혼자 가기도 하고, 때로는 어머니에게 안기기도 하는 것과 같다. 비록 두 사람이 같은

긴 길을 통과했지만, 아이 자신은 실제로 그렇게 긴 길을 걷지 않는다.

살펴본 바와 같이, 작은 원의 굴림 속에 미끄러짐이 섞여 있다는 것을 소홀히 하면, 큰 원과 작은 원의 반지름이 같다는 엉터리 결론을 얻을 수 있다.

π=2 ?

궤변가는 틀린 결론을 옳은 것처럼 증명하는 데 능하다. 사람들이 어떤 문제에 대해 명확하지 않게 인식할 때, 궤변가는 허를 찔러 사람을 속일 것이다.

$\pi=2$는 기하학적 궤변으로 유명하다. 어디가 틀렸는지 한번 보자.

먼저 원둘레의 공식을 떠올리자.

$$C=\pi d \text{ (}d\text{는 원의 지름)}$$

따라서 반원의 둘레는 $\frac{1}{2}\pi d$이다.

[그림 3-5]과 같이 $\overline{AB}$는 큰 원 C의 지름으로 $\overline{AB}=2$이다.

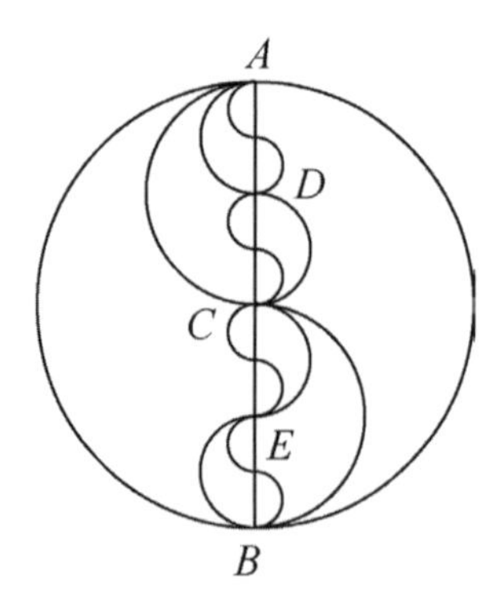

[그림 3-5]

큰 원의 둘레를 따라 A에서 B까지 반원의 둘레를 나타내는 호의 길이는 $\frac{1}{2}\pi\times2$ 즉, π이다. 지름 $\overline{AB}$의 4분의 1인 지점을 점 D, E라고 하고 이를 각각 중심으로 하는 지름이 1인 반원을 만든다. A에서 출발해 이 두 개의 반원 호를 따라 C를 거쳐 B까지 갈 때, 지나는 호의 길이는 $2\times\frac{1}{2}\pi\times1$, 역시 π이다. 그림에서 지름이 $\frac{1}{2}$인 4개의 반원을 다시 그리면 이를 따라 A에서 B까지 지나는 호 길이는 $4\times\frac{1}{2}\pi\times\frac{1}{2}$로 이 값도 π이다. 이런 방법으로 계속하면 반원의 둘레는 점점 작아지고, 작은 원의 개수는 점점 많아진다. 하지만 A에서 B로 가는 작은 원의 호의 길이는 항상 π이다.

다른 관점에서 보면, 반원의 개수가 무한히 증가하면 원의 반지름은 갈수록 작아지고 호는 선분에 가까워진다. 선분 AB의 길이는 2이므로 $\pi=2$임이 증명된다.

물론 이 '증명'은 잘못되었다. 큰 원이 몇 개의 작은 원으로 나뉘든, 둥근 호가 선분과 아무리 가까워지든 간에 호는 호이지 절대 선분이 될 수는 없다. 따라서 호의 길이는 언제나 π로 돌연변이 2가 되는 일은 절대로 없다.

등주 문제

옛날 북아프리카 지역에 '키타나'라는 이름의 총명한 부인이 살았다. 키타나의 부족은 다른 부족과 관계가 좋지 않았는데, 어느 날 열린 평화회담에서 상대 부족장은 늑대의 가죽으로 만든 회색 띠를 꺼내며 오만하게 말했다.

"좋아, 우리 땅을 나누자고? 이 회색 가죽 띠로 두른 땅을 모두 당신들에게 주겠소."라고 말하고는 깔깔거리며 웃기 시작했다.

늑대 가죽으로 된 회색 띠로 얼마나 큰 땅을 두를 수 있을까? 이것은 다른 사람을 모욕하는 것이 아닐까? 하지만 키타나는 은근히 기뻐했다. 그녀는 "좋아요! 약속한 거죠?"라며 되물었다. 이에 부족장은 "물론이요, 나는 언제나 약속을 지키죠."라며 당당하게 대답했다. 아마도 부족장은 키타나의 계략을 몰랐을 것이다. 키타나는 가죽을 아주 작은 줄로 잘라낸 후, 다시 이 작은 줄들을 아주 길고 긴 띠로 연결했다. 또 해안선을 지름으로 하여 이 긴 띠로 반원형의 땅을 둘렀다. 이 땅은 매우 넓어서 오만한 부족장을 아연실색하게 했다.

이는 전해지는 전설로, 이것 외에 또 다른 이야기가 있다. 고대 로마의 전설 속 디도 공주는 무토왕의 딸로, 무토왕의 자녀들이 서로를 잔인하게 죽였기 때문에 디도 공주는 아프리카로 도망갈 수밖에 없었다. 그녀가 아프리카에 간 후, 자신의 나라를 세우기 위해 현지의 토착 부족장에게 땅을 사려고 부탁했다.

“얼마나 많은 땅을 원하오?”

“존경하는 부족장님, 저는 소가죽 하나로 두를 수 있는 땅이면 충분합니다.”

부족장은 그녀의 제안을 받아들였다. 이에 디도 공주는 가죽 한 장을 가늘게 자르고, 각각의 가죽을 이어 붙인 후 땅 위에 원을 하나 둘렀다. 이후 이 둥근 땅은 ‘카르타고 성’이라는 이름으로 세상에 알려졌다.

여기서 우리는 이 두 이야기의 어느 것이 더 사실적인지를 고증하는 것이 목적이 아니라 단지 수학적인 측면에서 연구할 뿐이다. 이런 문제를 수학에서는 ‘등주 문제’라고 한다. 소위 ‘등주 문제’는 둘레의 길이가 같은 상황에서 어떤 도형의 면적이 가장 큰가, 하는 것이다. 적지 않은 독자들은 이미 둘레가 같은 상황에서 면적이 가장 큰 직사각형이 정사각형이라는 것을 알고 있다.

이 결론은 평행사변형 및 심지어 임의의 사각형에도 성립한다. 뿐만 아니라 둘레가 일정한 조건하에서 삼각형 중 정삼각형의 면적이 가장 크고 오각형 중 정오각형의 면적이 가장 크며

육각형 중 정육각형의 면적이 가장 크다. 그렇다면, 같은 둘레를 가진 정삼각형과 정사각형 중에서 어느 도형의 면적이 좀 더 클까? 결론적으로 정사각형이 조금 크다. 12개의 성냥으로 정삼각형(성냥 4개씩), 정사각형(성냥 3개씩)을 만드는 식이다.

삼각형의 면적은

$$S_1 = \frac{1}{2} \times 4 \times 4 \times \sin 60° \fallingdotseq 7$$

정사각형의 면적은

$$S_2 = 3 \times 3 = 9$$

이므로 정사각형이 2만큼 더 크다.

둘레가 같은 조건하에서 삼각형 중 정삼각형의 면적이 가장 크기 때문에 둘레가 같은 조건하에서 정사각형의 면적은 어느 삼각형의 면적보다도 크다. 하지만, 둘레가 같은 조건 하에서, 정오각형, 정육각형과 비교하면 정사각형은 힘을 잃는다. 성냥 12개로 정육각형(한 개에 두 개씩 늘어놓음)을 만들면 면적이 훨씬 커진다.

한 변의 길이가 a인 정육각형 면적 공식은

$$S = \frac{1}{2} \times 3\sqrt{3}a^2$$

으로 a=2를 대입하면 결과는 10보다 크다.

위의 예들을 통해 둘레가 같은 상황에서 볼록 정다각형의 변의 수가 많을수록 면적이 커진다는 것을 알 수 있다. 변의 수가 무한히 많아질 때, 정다각형은 점점 원에 가까워진다. 여기에서 둘레가 같은 평면도형 중에서 원의 면적이 가장 크다는 것을 알 수 있다. 따라서 디도 공주든 키타나든, 직접 띠를 둥글게 두르든 혹은 해안선을 빌려 땅을 반원형으로 두르든, 모두 과학적인 근거가 있는 것이다.

페르마 수와 원주의 등분

문제의 제기

원주를 등분하는 문제도 오래된 문제이다. 실제로 각도기를 이용하면 쉽게 원둘레를 임의로 등분할 수 있지만, 컴퍼스로 작도하는 상황은 다르다.

컴퍼스로 작도할 때 원둘레를 임의로 등분할 수 있을까? 답은 부정적이다. 여기서 또 하나의 문제가 생겼다. 컴퍼스로 도대체 원을 몇 등분할 수 있을까? 즉, 만약 컴퍼스로 원을 n등분할 수 있다면, 이 n은 어떤 자연수일까? n은 소수일 수도 있고 합성수일 수도 있다. 합성수는 소인수분해 될 수 있기 때문에 우리는 먼저 n이 소수인 상황에 대해 논할 수 있다.

만약 n이 소수라면 n은 어떤 값일까? 만약 $n=2$라고 가정한다면 원둘레를 2등분할 수 있는 것은 분명한데, 2를 제외한 다른 소수는 또 어떨까? 이는 기하학적 문제로 뜻밖에도 '페르마 수'라고 불리는 정수론 문제와 관련이 있다.

페르마의 망상

페르마는 프랑스의 취미수학자로 망상에 능했다. 페르마 대정리는 수학자들이 300년 넘게 고심하다 20세기 말에야 해결되었다. 또한 페르마 소수 가설 즉, 페르마는 $2^{2^k}+1$꼴의 수를 반드시 소수라고 생각했는데 이후 사람들은 $2^{2^k}+1$과 같은 수를 '페르마 수'라고 불렀다. $2^{2^k}+1$이 과연 소수인지 한번 살펴보자.

$k=0$일 때, $2^{2^k}+1=3$는 소수이다.

$k=1$일 때, $2^{2^k}+1=5$는 소수이다.

$k=2$일 때, $2^{2^k}+1=17$는 소수이다.

$k=3$일 때, $2^{2^k}+1=257$는 소수이다.

$\mathrm{k}=4$일 때, $2^{2^k}+1=65537$는 소수이다.

$\mathrm{k}>4$일 때, 페르마 수는 매우 커서 당시의 조건으로는 이 수가 소수인지 아닌지를 알아내기 어려웠다. 페르마는 단지 $k=0$, 1, 2, 3, 4 다섯 가지 상황을 근거로 '페르마 소수 가설'을 내놓았다. 오일러는 페르마의 오류를 발견하였는데

$k=5$일 때, $2^{2^k}+1=4294967297$은

641의 배수이므로 소수가 아니라고 지적했다. 이로써 '페르마의 소수 가설'은 성립하지 않음이 확인되었다. 하지만 수학자들은 $2^{2^k}+1$꼴의 수를 꾸준히 연구해 더 많은 반례를 발견했다. 예를 들어, $k=12$일 때, $2^{2^k}+1$은 114689로 나누어 떨어지므로 이 수

는 소수가 아니다. 또한 $k=23$일 때, $2^{2^k}+1$은 2525223자리의 정수로 만약 일반적인 활자로 인쇄한다면 이 수의 길이는 5천 km에 달한다. 만약 이 수를 책으로 인쇄한다면 이 책은 1000페이지에 달할 정도이지만 이 수가 소수인지 알아내기 위해 수학자는 매우 많은 노력을 기울였고 결국 소수가 아님을 증명했다. 왜냐하면 이 수는 167772161로 나누어 떨어지기 때문이다.

$k=36$일 때, $2^{2^k}+1$은 더 큰 수이다. 자릿수는 200억 자리를 넘는다. 만약 이 수를 한 줄로 인쇄한다면, 지구의 적도를 한 바퀴 돌 수 있을 정도이다. 이 수 역시 소수가 아닌데, 2748779069441에 의해 나누어 떨어진다.

사람들은 지금까지 여섯 번째 페르마 소수를 찾지 못했다. 그래서인지 어떤 사람들은 $k=0, 1, 2, 3, 4$ 다섯 가지 경우를 제외하고는 $2^{2^k}+1$꼴의 수는 소수가 아니라는 반론을 제기하기도 한다.

수학의 왕자 가우스

다시 원주를 등분하는 문제로 돌아가 보자.

유사 이래, 수학자들이 공인한 위대한 수학자는 세 명으로 바로 '아르키메데스, 뉴턴, 가우스'다. 만약 네 번째 위인을 추가한다면 오일러라고 한다.

독일 수학자 가우스는 수학의 왕자로 불린다. 가우스는 어렸을 때부터 총명했다. 가우스가 아직 학교에 다니지 않았을 때의 이야기다. 어느 날, 그의 아버지가 월급을 계산하고 있는데, 한참 동안 계산하고서야 비로소 마칠 수 있었다. 그때 옆에서 지켜보던 어린 가우스가 "아버지, 계산이 틀렸어요. 아마도…"라고 말했다. 가우스의 아버지가 대조해 보니, 과연 계산이 잘못되어 있었다.

가우스가 10세 때 수학 선생님이 다음과 같은 문제를 냈다.

$$1+2+3+\cdots+100=?$$

선생님이 문제를 내자마자 가우스는 이미 문제를 풀었다고 손을 들어 석판을 내주었다. 선생님은 '이렇게 빨리? 틀림없이 마음대로 마구 풀었을 거야.'라고 생각해 아랑곳하지 않았다. 한참이 지나자 다른 학생들도 속속 시험지를 제출했다. 선생님은 혹시나 하는 마음에 가우스의 석판을 살펴보곤 깜짝 놀랐다. 석판 위에 5050이라는 정확한 답이 쓰여 있었던 것이다. 가우스는 등차수열의 합을 구하는 방법으로 문제를 풀었기 때문에 이처럼 빠르게 계산할 수 있었다.

가우스가 19세가 되었을 때, 그는 원에 내접하는 정17각형의 작도법을 발견하고 매우 기뻐했다. 당시 그는 수학을 더 연구할 것인지, 아니면 언어학을 연구할 것인지를 결정하지 못하고 있었다. 그런데 이 수학 성과는 그로 하여금 자신의 수학적 재능을 보게 하여 평생 수학 연구에 매진할 수 있게 했다.

그는 임종하기 전에 가족에게 정17각형을 자신의 묘비에 새겨 달라고 부탁했고 이 소원은 당연히 이루어졌다. 가우스의 묘비 받침대는 정17각형 기둥이다. 1989년 독일에서 열린 국제수학올림피아드 대회의 휘장이 바로 정17각형 문양에 가우스의 두상을 더한 것이다.

원주를 등분하는 법

가우스는 원주를 17등분하는 방법을 찾았을 뿐만 아니라, 원주를 등분할 수 있는 규칙도 찾아냈다. 우리는 페르마 수가 반드시 소수가 아니라는 것을 확인했다. 만약 페르마 수가 소수라면 이 수는 페르마 소수라고 부른다. 가우스는 만약 n이 $2^{2^k}+1$꼴의 소수라면 원주는 n등분될 수 있다고 했다.

$k=1$일 때, $2^{2^k}+1=5$는 소수이다. 따라서 컴퍼스를 이용해 원주를 5등분할 수 있다.

$k=2$일 때, $2^{2^k}+1=17$는 소수이고 17은 세 번째 페르마 수이자 페르마 소수이다. 가우스는 원주를 17등분하는 구체적인 방법을 구했다.

$k=3$일 때, $2^{2^k}+1=257$는 소수이다. 원주를 257등분하는 구체적인 방법은 독일 수학자가 1832년에 내놓은 것으로 80쪽 분량에 달한다.

$k=4$일 때, $2^{2^k}+1=65537$는 소수이다. 원주를 65537등분하는 구체적인 방법은 독일인 헤르메스가 10년간 연구한 것으로 원고가 상자에 한 가득 찼다고 한다.

이것은 모두 소수인 상황으로 합성수는 또 어떨까? 만약 n이 두 개 또는 그 이상의 페르마 소수의 곱으로 표현된다면 원주는 n등분될 수 있다. 예를 들어 $n=15$는 $15=3\times5$이고 3과 5는 모두 페르마 소수이므로 원주는 15등분될 수 있다.

그 밖에도 원주가 n등분될 수 있다면 원주는 $2n$등분, $4n$등분, $8n$등분…될 수 있다.

빛나는 오각별

사람들은 언제부터 오각별을 그렸을까? 누가 처음으로 오각별 그리는 방법을 만들었을까?

피타고라스 학파의 상징

오각별을 그리는 방법을 먼저 익힌 것도 피타고라스이다. 피타고라스 학파의 구성원들은 가슴에 정오각형의 별 모양 배지를 달고 다녔다. 이는 그들이 이미 오각별 그리는 법을 알고 있었음을 보여준다. 정오각형 별은 원이나 삼각형을 그리는 것처럼 간단하지 않고 다음과 같은 단계를 통해 완성된다[그림 3-6].

(1) 주어진 원 O에서 서로 수직인 지름 $\overline{AB}$, $\overline{CD}$를 그린다.

(2) 반지름 OC의 중점을 E라고 한다.

(3) E를 원의 중심, $\overline{AE}$의 길이를 반지름으로 하는 호를 그리고 $\overline{OD}$와 만나는 점을 F라고 한 후, AF를 연결한다.

(4) $\overline{AF}$를 정오각형의 한 변의 길이로 해 $\overline{AF}$의 길이로 원의 둘레를 5등분하고 각 점을 연결하면 정오각형을 얻는다.

(5) 이 정오각형의 모든 대각선을 연결하면 정오각별이 완성된다.

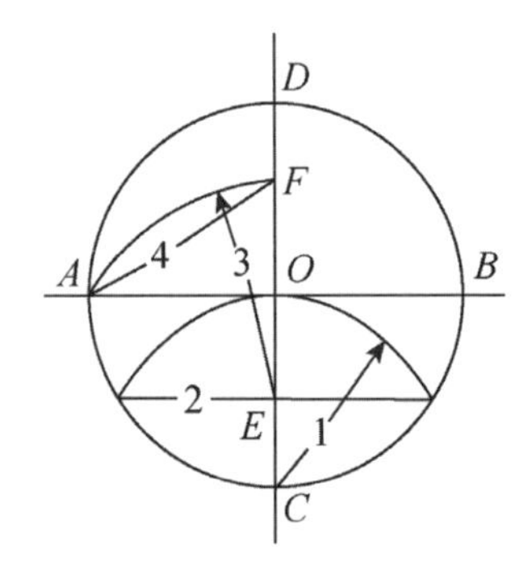

[그림 3-6]

근사 방법

앞서 설명한 것은 '표준'의 정확한 작도 방법이다. 사실 정오각형과 정오각별은 근사近似한 방법으로 만들 수 있다. 이런 근사 방법은 비교적 간단한 반면, 정밀도가 부족하고 지식이 필요하지 않아 과학 기술, 특히 컴퓨터 기술이 고도로 발전한 오늘날에는 가치가 크지 않다. 그러나 이 방법들은 모두 장인들이 경험을 통해 알아낸 것으로 사람들의 지혜는 칭찬하고 배울 가치가 있음을 알 수 있다.

첫 번째 방법은 다음과 같다.

(1) 주어진 원 O에서 서로 수직인 지름 $\overline{AC}$, $\overline{BD}$를 그린다. 점 B, C를 중심으로 원 O의 지름을 반경으로 하는 호를 그렸을 때 두 호가 서로 만나는 점을 K라고 하자.

(2) $\overline{OK}$를 연결한다.

(3) $\overline{OK}$를 단위 길이로 원둘레를 연속으로 자르면 이는 바로 원주를 5등분하는 것과 같다[그림 3-7].

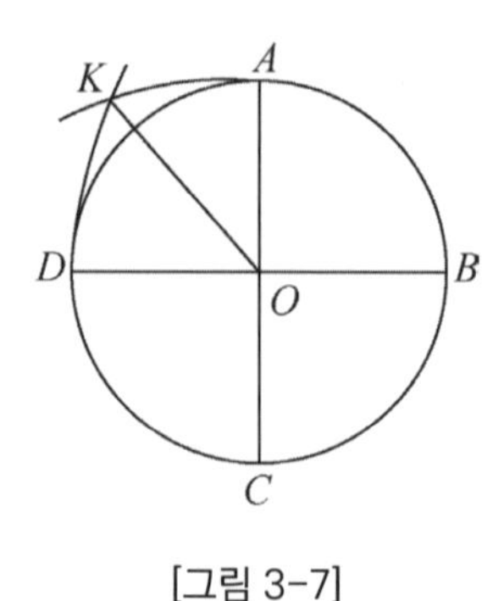

[그림 3-7]

원 O의 반지름을 R이라고 하면, $\overline{OK} \fallingdotseq 1.164R$로 계산된다.

원에 내접하는 정오각형의 한 변의 길이는 대략 $1.176R$이므로 두 값의 오차가 그다지 크지 않다는 것을 알 수 있다.

두 번째 방법은 다음과 같다.

간단하게 말하자면 반지름이 R인 원의 반지름을 $\frac{1}{6}R$만큼 늘이면 $\frac{7}{6}R$을 얻는데 $\frac{7}{6}R$을 정오각형 한 변의 길이의 근사치로 삼으면 정오각형을 만들 수 있다.

$$\frac{7}{6}R \fallingdotseq 1.167R$$

이므로 정오각형의 한 변의 길이와 비교해도 오차가 크지 않다.

세 번째 방법은 다음과 같다.

(1) 원의 지름 $\overline{AB}$를 3등분한 점을 C, D라고 한다.

(2) 점 C를 지나고 $\overline{AB}$에 수직인 현 $\overline{EF}$를 그린다.

(3) 점 E, D를 지나는 현 $\overline{EH}$를 그리고, 점 F, D를 지나는 현 $\overline{FG}$를 그린다. $\overline{AG}$, $\overline{AH}$를 연결하면 오각별이 완성된다.

오각별의 다섯 변은 교차해 그려진다[그림 3-8]. 하지만 이 방법은 오차가 좀 크다. 사실 원의 지름이 d라면,

$$\overline{AC} \fallingdotseq 0.346d$$
$$\overline{BC} \fallingdotseq 0.309d$$

이어야 한다. 이것으로 미루어 볼 때, '지름의 삼등분'으로 C, D를 정하는 것은 정확하지 않다는 것을 알 수 있다.

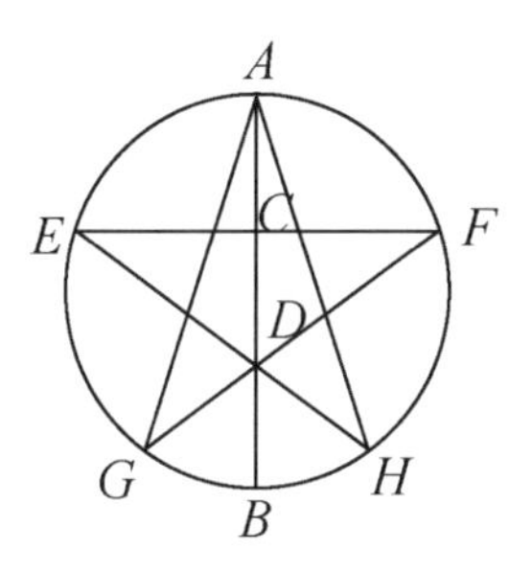

[그림 3-8]

네 번째 방법은 다음과 같다.

(1) 원의 지름 $\overline{AB}$ 위에 지름의 $\frac{1}{20}$이 되도록 $\overline{BC}$를 취하면 $\overline{AC}$는 $\frac{19}{20}d$과 같다.

(2) 점 A를 원의 중심, $\overline{AC}$의 길이는 반지름으로 하는 호를 그리면 원주와 D, E의 두 점에서 만난다.

(3) 다시 점 D, E를 각각 원의 중심, $\overline{AC}$의 길이를 반지름으로 하는 호를 그려 원주와 만나는 점을 G, F라고 하고 A, G, E, D, F를 차례로 이으면 원에 내접하는 정오각형이 된다[그림 3-9].

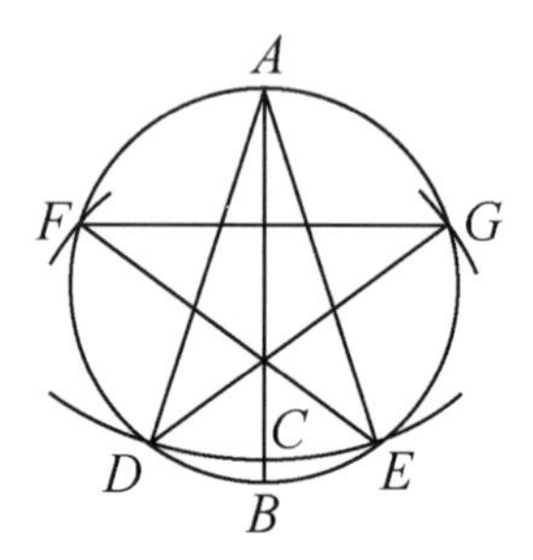

[그림 3-9]

이 방법은

$$\overline{AE} = \frac{19}{20}d \fallingdotseq 0.95d$$

으로 완벽한 오각별에서

$$\overline{AE} \fallingdotseq 0.951d$$

으로 오차가 매우 적다.

다섯 번째 방법은 다음과 같다.

(1) 원 O에서 서로 수직인 두 지름 $\overline{AB}$, $\overline{CD}$을 그린다.

(2) 반직선 OD 위에 길이가 4인 지점을 N이라 한다. N을 지나고 $\overline{ON}$에 수선 $\overline{MN}$을 길이가 1.3인 지점에서 자른다.

(3) $\overline{OM}$을 연결하면 원주 위 E에서 만난다. $\overline{AE}$를 연결한 후, $\overline{AE}$를 단위 길이로 원주 위에 연이어 5번 표시하면 바로 원에 내접하는 정오각형을 얻을 수 있다[그림 3-10].

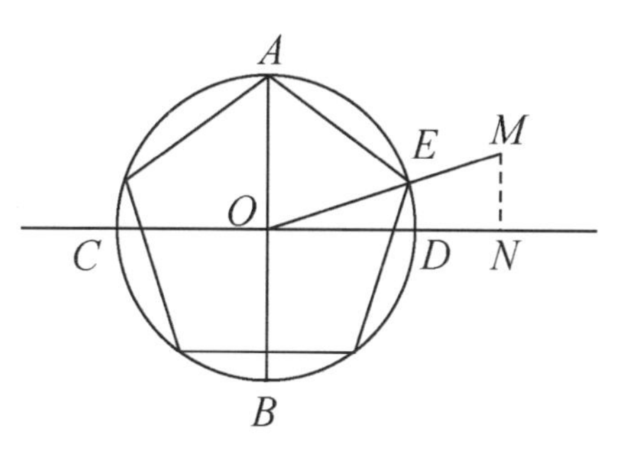

[그림 3-10]

이 방법에 의하면

$$\tan\angle EOD = \frac{1.3}{4} = 0.325$$

이고 정확한 데이터는

$$\angle EOD = 18°$$

$$\tan 18° \fallingdotseq 0.3249$$

이므로 이 방법 또한 오차가 매우 적다.

종이접기법

정오각형, 오각별은 종이접기로도 만들 수 있다. 방법은 다음과 같다.

직사각형 모양의 종이를 먼저 반으로 접은 후, [그림 3-11]의 (a)와 같이 5등분으로 접고 [그림 3-11]의 (b)처럼 접는다. 5등분한 접는 선위에 점 A와 점 M(선분 OM의 길이를 $\frac{1}{3}\overline{OA}$보다 약간 더 길게 한다)을 표시하고 사선 $\overline{AM}$을 따라 잘라낸 후 종이를 펼치면 [그림 3-11]의 (c)와 같은 정오각별을 얻는다.

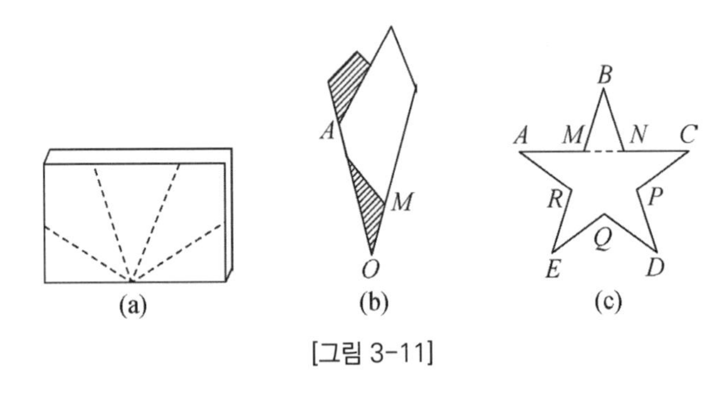

[그림 3-11]

긴 종이 끈으로 매듭을 지어 정오각형을 얻을 수도 있다.

먼저 종이끈에 매듭을 하나 만든 후 당기고 평평하게 해 주름이 펴지도록 한다. 그런 다음 삐어 나온 부분을 자르면 정오각형을 얻는다[그림 3-12].

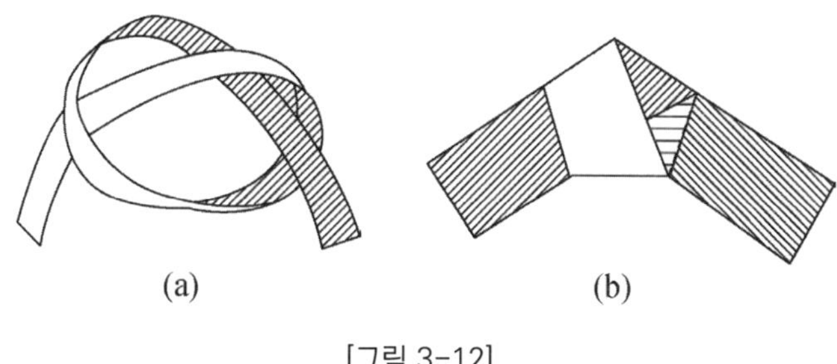

[그림 3-12]

정오각별은 황금분할과도 밀접한 관계가 있다. 임의의 정오각별 위에 몇 개의 황금분할점이 있다. [그림 3-11]의 (c)와 같은 정오각별 $ABCDE$에서 M, N, P, Q, R은 모두 황금분할점이다. 점 M은 $\overline{AC}$와 $\overline{BE}$의 황금분할점일 뿐만 아니라 $\overline{AN}$과 $\overline{BR}$의 황금분할점이기도 하다.

열다섯 형제의 술 나누기 문제

형제가 술을 나누다

의리로 형제를 맺은 15명이 있었다. 어느 날 15형제가 함께 술을 마셨다.

"원샷!"

저마다 마시면서 목청껏 소리를 지르니 대단히 시끌벅적했다. 그중 갑은 이미 약간의 취기가 올랐는데 그는 술독 하나를 가리켰다.

"형제들아! 자, 이 항아리도 비우자!"

형제들은 우르르 항아리 앞으로 몰려가 앞을 다투어 술을 따를 준비를 했다. 그때 갑자기 을이 입을 열었다.

"여러분 다 함께 방법을 생각해서 이 항아리에 든 술을 똑같이 나눠 마십시다."

모두 을의 말에 이러쿵저러쿵 의견을 모았다. 하지만 똑같이 나눌 마땅한 도구가 없었다.

"여기 사발 하나, 바가지 하나가 있어요. 얼마 전에 물 세 사발로 이 항아리를 가득 채웠고 물 다섯 바가지로도 가득 채웠죠. 즉, 사발의 부피는 항아리의 $\frac{1}{3}$, 바가지의 부피는 항아리의

$\frac{1}{5}$이니 우리는 이 사발과 바가지로 항아리에 담긴 술을 똑같이 15인분으로 나눌 수 있어요."라며 을이 말했다. 이에 모두들 물었다.

"어떻게요?"

을은 당황하지 않고 항아리에서 술 한 바가지를 담아 사발에 부었다. 사발은 당연히 채워지지 않았고, 다시 사발에 술을 한 바가지를 부으니 이번에는 사발을 가득 채우고도 바가지에 술이 조금 남아 있었다.

"이 바가지에 남은 술이 항아리에 담긴 술의 $\frac{1}{15}$이에요. 누가 마실까요?"

누군가가 올라가서 한 번에 다 마셨다. 을은 앞의 단계를 반복해 항아리에 담긴 술을 나누어 주었다.

"이렇게 술을 나눠 마시는 게 공평하긴 하지만 무슨 원리가 있는 건가요?"라며 갑이 물었다. 이 원리는 더할 나위 없이 간단하다.

$$2 \times \frac{1}{5} - \frac{1}{3} = \frac{1}{15}$$

으로 두 바가지에서 한 사발의 술을 빼면 항아리 술의 $\frac{1}{15}$이 된다. 열다섯 형제가 술을 똑같이 나누어 마시는 원리는 원둘레의 15등분에서도 이용된다.

원둘레의 15등분

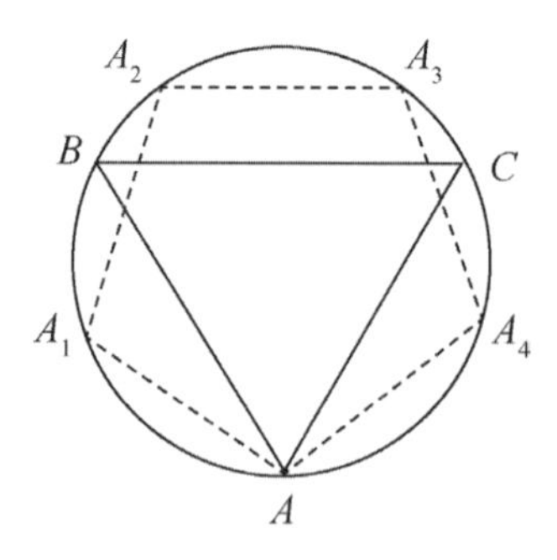

[그림 3-13]

원둘레를 먼저 3등분하자. 각 부분[그림 3-13]에서 $\widehat{AB}$은 원둘레의 $\frac{1}{3}$이다. 우리는 원둘레를 5등분할 수도 있다. 각 부분($\widehat{AA_1}$와 $\widehat{A_1A_2}$)은 원둘레의 $\frac{1}{5}$이다.

$$2\times\text{원둘레의 }\frac{1}{5}-\text{원둘레의 }\frac{1}{3}=\text{원둘레의 }\frac{1}{15}$$

이므로 원둘레의 $\frac{1}{15}$인 호([그림 3-13]에서 $\widehat{BA_2}$)를 얻을 수 있다. 이와 같은 호를 그려나가면 어렵지 않게 원둘레를 15등분할 수 있다

나폴레옹과 기하학

나폴레옹은 프랑스 역사상 손꼽히는 인물이다. 그는 항상 극히 불리한 조건하에서 기적처럼 전쟁에서 승리를 거두었다. 그래서 사람들에게 강인하고, 결단력 있고, 꺾이지 않는 인상을 주었다. 그런데 나폴레옹은 수학을 무척 좋아한 꽤 학식 있는 수학 애호가라는 잘 알려지지 않은 면도 있다.

나폴레옹은 "수학의 완성과 진보는 국가의 번영과 밀접한 관련이 있다."라고 말했다. 그는 프랑스의 통치자가 되기 전, 당시의 대수학자였던 라그랑주와 라플라스와 함께 항상 수학 문제를 토론했다. 그러나 아마추어 수학 애호가였던 그는 대수학자와의 대화에서는 의사소통에 어려움을 느끼기도 했다. 그래서 라플라스는 가끔 진지하게 나폴레옹에게 조언을 하기도 했다.

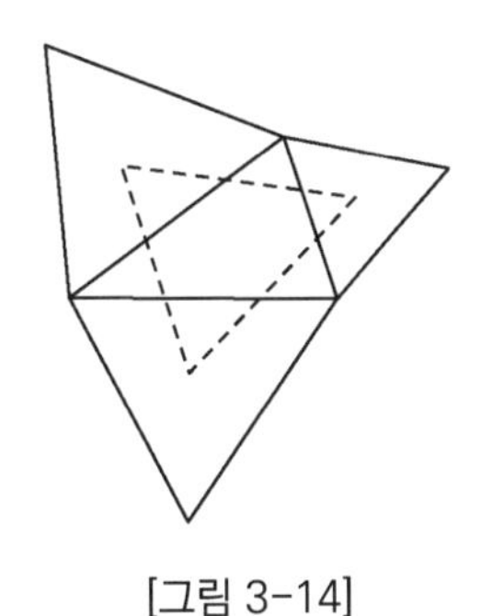

[그림 3-14]

수학사에서 나폴레옹이 발견한 두 가지 성과가 있다. 이는 이른바 '나폴레옹 정리'로 전해진다.

임의의 삼각형에서 각 변을 한 변으로 하는 정삼각형을 그리면, 이 세 개의 정삼각형의 무게중심을 연결한 도형은 정삼각형이다[그림 3-14].

이 정리의 증명은 그리 어렵지 않으니 직접 확인해 보길 권한다. 이렇게 만들어진 정삼각형을 '외外 나폴레옹 삼각형'이라고 하면, 바깥쪽이 아닌 안쪽에 그린 정삼각형의 무게중심으로 만들어진 삼각형도 정삼각형이 되므로 이 정삼각형은 '내內 나폴레옹 삼각형'이라고 할 수 있다.

나폴레옹의 또 다른 성과는 컴퍼스만으로 원둘레를 4등분했다는 것이다. 어떤 이는 "컴퍼스와 눈금 없는 자를 이용한 작도는 들어봤어도 컴퍼스만으로 작도를 한다는 얘기는 들어본 적이 없다."라고 할 것이다. 사실 컴퍼스와 눈금 없는 자로 작도할 수 있는 모든 그림은 컴퍼스만으로도 가능하다. 눈금 없는 자는 단지 반듯한 직선을 긋는 용도로만 쓰이기 때문이다.

누군가가 "컴퍼스로 직선을 그려봐라."라고 하면 어떻게 할까? 여기에는 약속이 하나 필요하다. 만약 직선상의 임의의 두 점을 표시한다면 우리는 이 두 점을 지나는 직선이 이미 만들어졌다고 여긴다. 마찬가지로 만약 삼각형의 세 꼭짓점을 표시했다면 우리는 이 삼각형이 이미 만들어졌다고 여길 것이다.

역사상 최초로 컴퍼스만으로 작도를 한 사람은 페르시아 수학자 아불와파인데 그는 후세에 '컴퍼스 기하학자'로 불렸다. 많은 유명한 수학자들이 '컴퍼스로만 작도한다'는 것에 매료되었다.

나폴레옹은 1797년 출간된 이탈리아 수학자가 쓴 『컴퍼스의 기하』를 읽고 컴퍼스만으로 작도하는 문제에 큰 관심을 보였다. 그는 당시 프랑스 수학자들에게 컴퍼스만을 사용해 원둘레를 4등분하는 문제를 냈다. 이후 그는 스스로 이 문제를 해결했다.

나폴레옹의 작도법은 다음과 같다.

(1) 원둘레에 임의의 점 A를 표시하고 순서대로 $\overline{AB}=\overline{BC}=\overline{CD}=R$이 되도록 한다. 그러면 점 A와 D는 원의 지름을 결정한다.

(2) 각각 A, D를 원의 중심으로 하고 $\overline{AC}$의 길이를 반지름으로 하는 두 호를 그린다. 두 호의 교점을 M으로 표시한다.

(3) A를 원의 중심으로 하고 $\overline{OM}$의 길이를 반지름으로 하는 호를 그리고 원둘레와 만나는 점을 E, F라고 하면 점 A, E, D, F는

원둘레를 4등분하는 점이다.

$\overline{AC}$는 원의 내접하는 정삼각형의 한 변의 길이므로 $\overline{AC}=\sqrt{3}R$이다. 직각삼각형 AMO에서 $\overline{AO}=R$, $\overline{AM}=\overline{AC}=\sqrt{3}R$이므로 $\overline{OM}=\sqrt{2}R$이다. 반면 원에 내접하는 정사각형의 한 변의 길이는 $\sqrt{2}R$이므로 $\overline{AE}=\overline{AF}=\overline{DE}=\overline{DF}=\sqrt{2}R$, 즉 점 A, E, D, F는 원둘레를 4등분한다[그림 3-15].

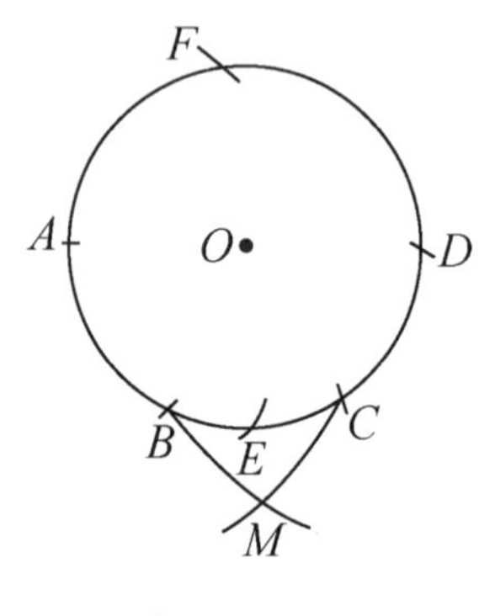

[그림 3-15]

어떤 사람은 점 D를 찾은 후, 지름 $\overline{AD}$를 수직이등분하는 선분이 원둘레와 만나는 점을 찍으면 이 점들은 원둘레를 4등분하는 점이라고 여기는데 어째서 $\overline{OM}$으로 원둘레를 차례대로 표시해 나가야 할까?

지금 우리는 '눈금 없는 자를 쓰지 못한다'는 것을 명심해라.

점 A, D를 중심으로 하고 적당한 길이의 반지름으로 하는 호를 그으면 호의 두 교점이 $\overline{AD}$의 수직이등분선이다. 하지만 이 수직이등분선은 눈금 없는 자로 그릴 수 없기 때문에 우리는 이 수직이등분선과 원둘레 상의 교점을 찾을 수 없는 것이다.

경제적인 재단법

옷은 어떻게 만들까? 예전에는 양복점이나 양장점 등에서 직접 재단사에게 옷을 맞춰 입는 경우가 많았다. 치수, 스타일, 재단, 봉제의 과정에서 같은 옷이라도 어떤 재단사는 원단을 덜 쓰고 어떤 재단사는 원단을 많이 사용한다. 여기에 '원단을 어떻게 재단하느냐' 하는 문제가 숨어있다.

먼저 어떻게 원형을 재단할 것인가 하는 문제를 보자. 앞서 말했듯이 같은 둘레를 가진 도형 중 '원'의 넓이가 가장 크다. 우리는 같은 면적을 가지는 재료로 원기둥의 통조림통을 만들 때, 밑면의 지름과 높이가 서로 같은 원기둥 모양의 부피가 가장 크다는 것을 발견했다.

원을 이용해서 최대 면적, 최대 용적을 얻을 수 있지만 다른 한편으로는 어떤 형상의 큰 철판 위에서 원판을 재단하면, 모두 여분의 재료가 남아 주어진 재료의 낭비를 초래할 수 있다. 사람들은 낭비를 줄이고 이용률을 높이기 위해서 주어진 재료의 비교적 경제적인 설계 방안을 많이 찾아내었다.

정사각형에서 면적이 가장 크고 크기가 같은 원 2개를 재단하려면 [그림 3-16]과 같이 재단할 것이 아니라 [그림 3-17]처럼 해야 한다. 전자의 이용률은 39%에 불과하지만, 후자는 54%이다.

정사각형에서 세 개의 같은 크기의 원을 재단하려면, [그림 3-18]과 같이 하면 된다. 이와 같이 원을 배치할 때의 이용률은 61%에 이른다.

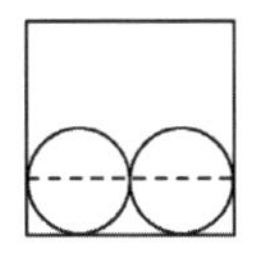
[그림 3-16]

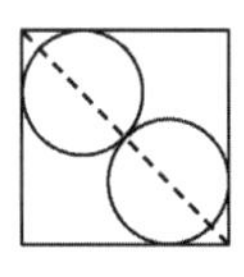
[그림 3-17]

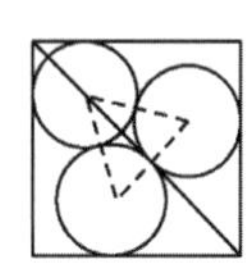
[그림 3-18]

정사각형에서 4개, 5개, 6개의 같은 크기의 원을 재단하려면 원을 어떻게 배치해야 할까? 다음의 [그림 3-19], [그림 3-20], [그림 3-21]은 각각의 경우 가장 경제적인 배치이다.

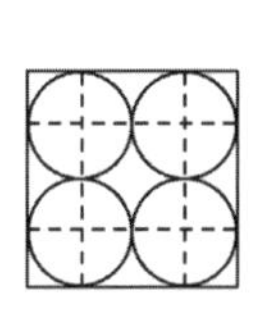
[그림 3-19]

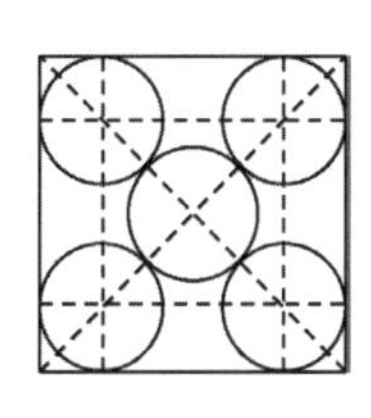
[그림 3-20]

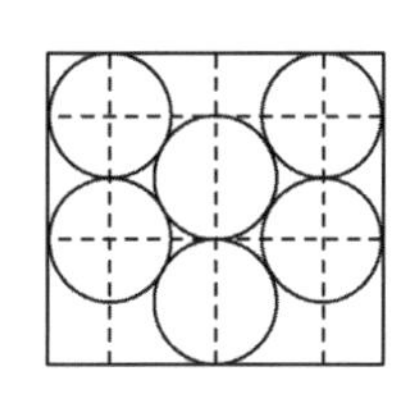
[그림 3-21]

만약 큰 원형 철판 위에 같은 크기의 원을 몇 개 재단한다면 다음 [그림 3-22], [그림 3-23], [그림 3-24], [그림 3-25]와 같이 원을 배치할 수 있다.

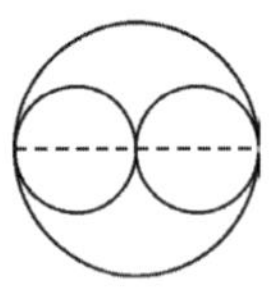

[그림 3-22]

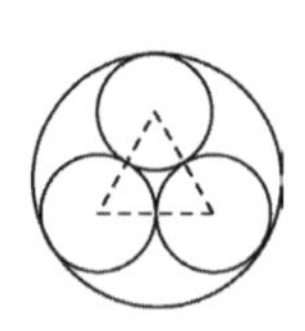
[그림 3-23]

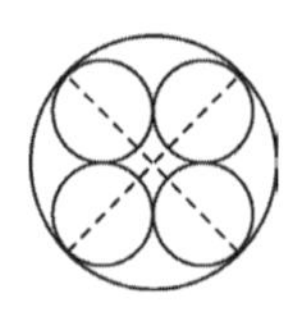
[그림 3-24]

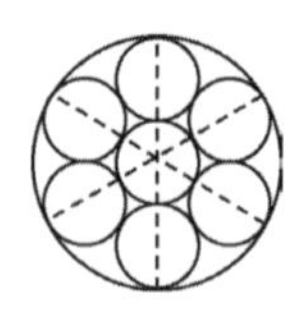
[그림 3-25]

정사각형 내부에 정사각형을 재단하는 것은 특별할 게 없어 보인다. 하지만 아래의 문제를 보자. 이 문제는 유명한 문제로 하나의 등식에서 얻은 아이디어를 확장해 나간 것이다.

1^2, 2^2, 3^2, …을 다음과 같이 계속 더해 나간다.

$$1^2+2^2=5$$

$$1^2+2^2+3^2=14$$

$$1^2+2^2+3^2+4^2=30$$

$$\vdots$$

이런 합의 결과는 제곱수가 아니다. 하지만 계속 더해 24의 제곱까지 더하면 제곱수가 된다.

$$1^2+2^2+3^2+\cdots+24^2=4900=70^2$$

그런데 한 변의 길이가 70인 정사각형(70×70)에서 1×1, 2×2, ⋯ , 24×24의 이 24개의 작은 정사각형을 겹치지 않고 재단할 수 없다. 그렇다면, 이 24개의 작은 정사각형을 배치할 때 남은 부분을 가장 적게 할 수 있을까?

이 문제는 〈사이언티픽 아메리칸〉에 가장 먼저 등장했다. 이는 많은 독자의 흥미를 끌었지만, 이 문제를 풀 수 있는 사람은 거의 없었다. 〈사이언티픽 아메리칸〉에서 제시한 답은 이렇다.

“7×7의 작은 정사각형을 제외하고, 큰 정사각형에서 남은 23개의 정사각형을 재단할 수 있다. 남은 재료의 면적은 49로 공교롭게도 큰 정사각형의 총면적 $\frac{1}{100}$이다[그림 3-26].”

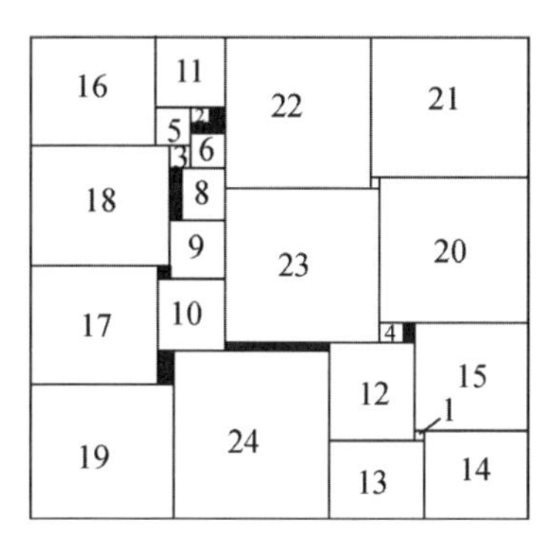

[그림 3-26]

수학 올림피아드 이야기

수학 올림피아드의 역사

4년마다 한 번 열리는 올림픽은 전 세계의 많은 스포츠팬이 손꼽아 기다리는 글로벌 축제이다. 스포츠팬이 아니더라도, 매스컴의 대대적인 역할에 힘입어 자신도 모르는 사이 스포츠의 물결 속으로 휩쓸려 들어가게 된다. '올림픽'이라는 단어가 이렇게 큰 힘을 가지고 있기 때문에, 이 단어는 항상 '수학 올림피아드', '과학 올림피아드'와 같이 활용되곤 한다.

국제 수학 올림피아드는 수학경기라고 할 수 있는데 현대적 의미의 수학경기는 헝가리에서 시작해 지금까지 이미 100여 년의 역사를 가지고 있다. 당시 헝가리의 저명한 수학자이자 물리학자였던 에드워시 남작은 수리학회를 설립했고 헝가리 교육부 장관을 지냈다. 그의 지도하에, 수리학회가 나서서 전국적인 수학 시험을 시행한 이유로 사람들은 이런 시험을 '에드워시 남작 시험'이라고 부르기도 했다. 이 수학 시험은 1894년부터 매년 열렸으나 두 차례의 세계대전으로 6년간 중단되었고 1956년에 한 차례 중단되었다. 헝가리라는 작은 나라에서 헝가리 학파가 만들어질 정도로 많은 수학자가 배출된 것은 이와 같이 오랜 시간 수학경기를 치른 것과 무관하지 않을 것이다.

1959년부터 수학경시대회는 헝가리에서 세계로 뻗어 나갔다. 당시만 해도 경기는 동유럽 국가에서 개최하는 것에 국한되었다. 루마니아에서 열린 제1회 국제 수학 올림피아드는 루마니아, 불가리아, 헝가리, 폴란드 등 7개국이 참가했다. 이후 다른 나라도 가세했다.

에피소드

1961년, 독일에서 회의가 열렸다. 회의에서 논의된 것은 사회, 경제 혹은 군사 문제가 아니라 수학올림피아드에 관한 문제로 중심 의제는 다음과 같았다.

"왜 두 차례의 국제 수학 올림피아드에서 독일은 모두 꼴찌인가?"

이와 같은 정부의 관심 때문이었는지 독일은 곧 좋은 성적을 거두게 되었고, 1966년 제8회 국제수학올림피아드에서 독일이 3위, 1967년 제9회 대회에서 2위, 1968년 제10회 대회에서 1위를 차지했다. 국제수학올림피아드 역사상 최연소 금메달 수상자는 호주 소년 테렌스 타오였다. 그는 제27회, 제28회, 제29회 대회에 출전했는데 제27회 대회에서 동메달, 제28회 대회에서는 6개의 문제 중 5문제를 모두 맞혔으나, 마지막 문항에서 2점이 감점되어 총점이 40점에 이르렀다. 안타깝게도 당시 고득점 선수가 너무 많아서 그는 은메달에 만족할 수밖에 없었다.

이후 테렌스 타오는 저명한 수학자가 되었고, 필즈상을 수상했다. 국제 수학 올림피아드에는 참가 선수의 나이가 20 미만이라는 규정이 있다. 집계에 따르면 나이가 많은 선수가 꼭 우위에 있는 것은 아니며, 17세가 최고령에 속한다.

국제수학올림피아드 시험문제는 모두 매우 어렵다고 알려져 있다. 제24회 대회 당시 전체 대회위원중에 '6번 문제'를 풀 수 있는 사람이 없었다. 나중에 호주의 가장 실력 있는 수학자 4명에게 문제를 맡겼지만 끝내 풀지 못했다. 하지만 결국은 젊은 선수 11명이 이 문제를 해결하였으니 그들의 미래가 궁금하다.

3대 난제

고대 그리스 시대에 이미 기하의 3대 작도 문제가 출현했다.

1. 임의의 각을 3등분하는 문제
2. 주어진 정육면체 부피의 2배가 되는 정육면체를 작도하는 문제
3. 주어진 원과 넓이가 같은 정사각형을 작도하는 문제

일반적으로 '원적문제'라고 하면 컴퍼스와 눈금 없는 자를 이용해 주어진 원과 넓이가 같은 정사각형을 작도하는 문제를 가리킨다.

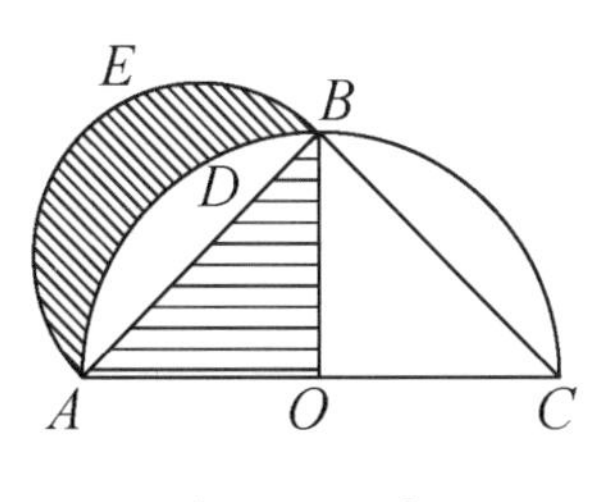

[그림 3-27]

어떤 사람은 이 두 도형에서 하나는 곡선형이고 하나는 직선형이기 때문에 면적이 같을 수 없다고 생각하지만 그런 이유는

아니다. 고대 그리스 수학자 히포크라테스는 한 달에 걸려 치아 모양과 같은 면적을 가지는 삼각형을 만드는 데 성공했다[그림 3-27].

직각이등변삼각형 ABC는 반원 ABC에 내접하도록 그리고 $\overline{AB}$를 지름으로 하는 반원 AEB를 만든다. 만약 반원 ABC의 반지름이 R이라고 가정하면,

$$\text{반원 } ABC\text{의 넓이} = \frac{1}{2}\pi R^2$$

$$\text{반원 } AEB\text{의 넓이} = \frac{1}{2}\pi\left(\frac{\sqrt{2}}{2}R\right)^2$$

이므로

반원 ABC의 넓이 : 반원 AEB의 넓이 = 2 : 1이다.

따라서, 반원 ABC의 넓이 = 부채꼴 AOB의 넓이다.

이제 반원 AEB와 부채꼴 AOB의 공통부분(활꼴 ADB)을 없애면 곡선으로 둘러싸인 초승달 모양의 $AEBD$ 면적이 삼각형 AOB와 같음이 확인된다. 이 예는 사람들에게 원적문제가 해결이 가능하다는 희망을 주었지만 결국은 모두 실패해 본질적인 해결을 하지 못했다.

원적문제의 근사해법

사실 정확함이 목표가 아니라면 방법은 있다.

1836년에 러시아 엔지니어 빙거가 삼각판을 발명했다. 이 삼각판의 한 귀퉁이는 일반 삼각판과 마찬가지로 직각인데, 나머지 두 각 중 한 각은 45°, 30°, 60°도 아니고 27°36′이다. 이 삼각판은 '빙거 삼각판'이라고 불리는데, 빙거 삼각판을 이용하면 아주 쉽게 원을 그릴 수 있다. 물론 이는 원에 근사한 것이다.

구체적인 방법은 삼각판의 27°36′ 각을 원 위의 점 A에 놓고, 원의 중심을 지나도록 맞추면 각의 변은 원 위의 점 B를 지난다. 이때 $\angle A$를 구성하는 변과 원이 만나는 점을 C라고 하면 AC를 한 변으로 하는 정사각형의 면적은 원면적과 거의 같다 [그림 3-28].

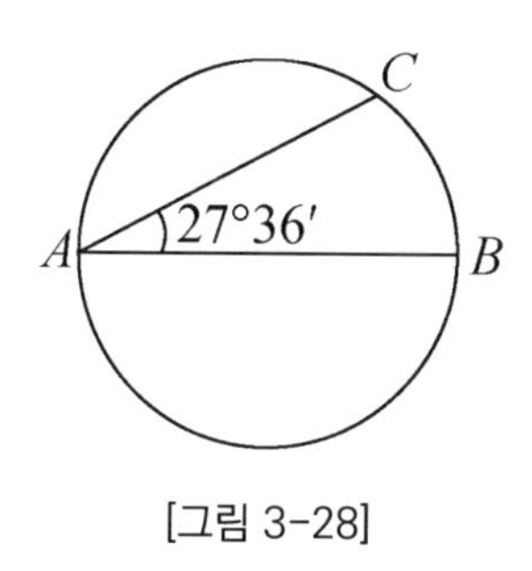

[그림 3-28]

그 이유를 살펴보자.

지름 $\overline{AB}$의 길이$=2R$이라고 가정하면,

$$원의\ 넓이 = \pi R^2$$

이때,

$$\overline{AC} = 2R\cos 27°36'$$
$$\fallingdotseq 2 \times 0.886R$$

$\overline{AC}$의 길이를 한 변으로 하는 정사각형의 넓이는

$$정사각형의\ 넓이 = (2 \times 0.886R)^2$$
$$= 3.139984R^2$$

이므로

$$정사각형의\ 넓이 \fallingdotseq 원의\ 넓이$$

만약 컴퍼스와 눈금 없는 자를 이용해 작도한다는 조건이 없다면 문제는 쉽게 해결할 수 있다. 유럽 르네상스 시대의 거장 다빈치가 교묘한 방법을 제시했다. 밑면이 주어진 원기둥에서 높이를 반지름의 절반으로 한 원기둥을 한 바퀴 굴려 직사각형을 만들면 그 넓이는 다음과 같다.

$$2\pi R \times \frac{R}{2} = \pi R^2$$

바로 원의 넓이다! 다시 직사각형을 정사각형으로 만들 수 있으므로 문제가 해결된다.

'불가능'한 문제

데카르트가 해석기하학을 세우면서부터 작도를 대수적으로 연구하기 시작했다. 1882년 린드만이 π가 초월수라는 것을 증명하자, 수학자 클라인은 1895년에 3대 작도 문제가 해결이 불가능하다는 것에 대해 간단한 증명을 제시해 수천 년간의 현안을 철저히 해결했다. 원래 원적 문제는 난제가 아니라 '불가능'한 작도 문제였던 것이다.

원적문제의 속편

하지만 상황은 여기서 결코 끝나지 않았다. 20세기에 이르러 원적문제의 속편이 또 생겼다. 우선, 사람들은 어떤 다각형을 분할한 후 다시 조합해 정사각형을 만들 수 있다는 것을 일찌감치 증명했다. 하지만 원은 어떨까? 누군가가 다른 각도에서 문제를 제기했다.

원 하나를 분할한 후에 다시 이 조각들로 정사각형을 만들 수 있을까?

20세기 이래로 집합이라는 개념이 생겼다. 선은 점의 집합으로 볼 수 있고, 원도 점의 집합으로 볼 수 있으며, 정사각형도 점의 집합으로 볼 수 있다. 게다가 기하 도형의 면적 개념은 집합의 측도 개념으로 보편화되었다. 이와 같이 개념의 진보에 사람들은 또 다음과 같은 문제를 제기했다.

원(점의 집합) 하나를 몇 개의 점의 집합으로 나눌 수 있을까?

이 점의 집합들은 반드시 선을 변으로 하는 기하 도형으로 정사각형을 만들 수 있을까?

이는 1925년 알프레드 탈스키가 제기한 것이다. 시간이 이미 거의 100년이 지났지만, 이 문제는 지금까지 여전히 해결되지 않고 있다. 오래된 난제였던 원적문제는 뜻밖에도 20세기의 현대수학과 이렇게 긴밀하게 연결되어 새로운 문제를 끌어내었다. 수학의 발전은 정말로 매우 흥미롭다.